DIETER KRAML

Der mit den Bären lebt

*Über mein Leben und Arbeiten
mit Bären und Menschen*

VERLAG DIETER KRAML

© Verlag Dieter Kraml, D-31061 Alfeld 2007
Tel./Fax: 0 51 81/8 16 96
www.baerenwelten.net
info@baerenwelten.net

Nachdruck, auch auszugsweise, nur mit Genehmigung des Verlags!

Bearbeitung: Heide Kloth
Lektorat: Prof. Armanski
Zeichnungen: Brigitte Weigelt
Satz, Layout, Einbandgestaltung: KAM Grafik-Design, Gronau
Druck: Buchdruckerei P. Dobler GmbH & Co KG, Alfeld
Papier: HannoArt Silk SAPPI Alfeld

ISBN 978-3-00-023143-8

Bibliografische Information der Deutschen Bibliothek:
Die Deutsche Bibliothek verzeichnet diese Publikation
in der Deutschen Nationalbibliothek;
detaillierte bibliografische Daten sind im Internet über
http://dnb.ddb.de abrufbar

Für Nancy und Bianka, meine geliebten Bärinnen!

*Ganze Weltalter voll Liebe werden notwendig sein,
um den Tieren ihren Dienst an uns Menschen zu vergelten.*

*In Liebe
Dieter*

Vorwort:

Meine Beweggründe, dieses Buch zu schreiben, waren folgende:

Das große Interesse in der Bevölkerung, mehr als die im Fernsehen gezeigten Einblicke über mein eher etwas außergewöhnliches Leben als „Bärenvater" zu erfahren, motivierte mich dazu, sie in Form des vorliegenden Buches daran teilhaben zu lassen.

Zum anderen wünsche ich mir, dass es dazu beiträgt, Licht ins Dunkel zu bringen über die Natur des 'wahren Bären', dem in Märchen und Legenden beschriebenen, gepriesenen und verteufelten. Denn aus Unwissenheit kann Angst entstehen - Angst vor dem Unbekannten. Dieses Werk soll daher Wissen vermitteln und Möglichkeiten aufzeigen, wie wir in der heutigen Zeit mit Bären in freier Wildbahn umgehen können.

In den dramatischen Ereignissen um „JJ 1", genannt „Bruno", vergegenwärtige ich die Problematik der Bär-Mensch-Beziehung unter unseren heutigen Bedingungen. Daher widme ich ein großes Kapitel dem Thema Wildtiere/Bären in unserer Gesellschaft. Ich habe diesbezüglich meine Visionen und werde sie am Schluss vorstellen. Werden sie realisierbar sein?

DIETER KRAML

Inhaltsverzeichnis:

Wer ist der Mann, „der mit den Bären lebt?"   6

Familiengeschichten: Meine Erlebnisse als „Bärenvater"   11
- Eine bärenstarke Liebe   11
- Meine Bären, die Stars und ich   13
- Filmarbeit zu Roman Polanskis „Macbeth"   15
- Der Film: „Das As der Asse"   15
- Der Film „Der Bär"   19
- Lass Dich überraschen   23
- Wenn ein Bär dich das letzte Mal ansieht   26
- Nora, das Energiebündel   28

Die Bärenfamilie heute
  „Bruno", Nora und ich   33
- „Menschen 2006" –   40

Mein soziales Engagement als Tierlehrer:
- Schlüsselerlebnis zur Vereinsgründung   80
- Bärenwelten in uns – BIU: was ist das?   81
- Langzeitkranke   82
- Senioren   83
- Resozialisierung von Jugendlichen   85
- Kinder aus Tschernobyl   89
- Das „grüne Klassenzimmer"   90

Biologie und Ökologie der Bären   92

Präsenz des Bären in Mythen, Märchen und Alltagswelt ?   109

Die Vision – Allianz mit der Natur   117

Anhang:
Die wichtigsten Bärenarten weltweit   126

Wer ist der Mann, „der mit den Bären lebt?" Woher kam der erste Bär?

Ich lebe und arbeite seit über dreißig Jahren mit meinen Bären. Gemeinsam mit dem damals weltbekannten Tierlehrer Franz Kraml, meinem Vater, bereiste ich den ganzen südamerikanischen Kontinent.

Schon in früher Jugend von meiner Mutter getrennt, wurde mir eine junge Bärin meines Vaters, namens Nancy, die schon in Deutschland 'zur Familie' gehörte, immer mehr zur besten Freundin.

Als sich damals zu Hause unsere Blicke das erste Mal kreuzten, war es um uns geschehen. Sie war in meinen Augen eine ganz große Persönlichkeit, die ich mit tausend Worten nicht beschreiben kann. Sie war dies bereits in jungen Jahren, daher musste man viel Feingefühl aufwenden, um mit ihr Kontakt aufzunehmen. Da ich mich gut in sie hineinversetzen konnte, wusste ich sie zu nehmen. Hinzu kam ihre äußere Erscheinung. Ihr weiches dunkelbraunes Fell und ihre rehbraunen Augen ließen mich nicht mehr los. Wie sie dort entlang schritt, glich sie einer Primadonna. „Die 'Monalisa' der Bären", dachte ich immer.

Über Bremerhaven verließen mein Vater und ich Deutschland. Der Abschied von meinen Freunden und meiner Mutter fiel mir sehr schwer. Ich war damals 16 Jahre alt. Es ist in Bremerhaven Sitte, dass die Angehörigen, die zurückbleiben, ein langes farbiges Band in der Hand halten. So waren mein Vater und ich mit meiner Mutter bis zu der Sekunde, als es durch die zunehmende Entfernung zerriss, miteinander verbunden.

Mein Vater und ich hatten schon lange vor unserer Abreise ein eigenes Haus für Nancy gebaut, das mit an Bord ging, und in dem sie gezwungenermaßen zumindest ihre Nächte verbringen musste.

Tagsüber hatte Nancy Narrenfreiheit. Jeder an Bord mochte sie. Ich denke heute, dass sie ganz bewusst mit ihrem Po wackelte, wenn sie mit mir oder in Begleitung meines Vaters über das Deck ging. Ähnlich einer Sambatänzerin, die mit ihren Zuschauern kokettierte.

Da Nancy sehr neugierig war, mussten wir beim Anlegen unterwegs immer gut auf sie aufpassen. Fast wäre sie in Las Palmas auf Gran Canaria von Bord gegangen, um die Insel zu erkunden – und das ohne Reisepass, den man damals dort noch brauchte!!!

Nach ca. 10 Tagen überquerten wir den Äquator. Nancy war der einzige Bär auf der Welt, der eine Äquatortaufe erlebt hat. Das ist ein altes Ritual der Seeleute, das zelebriert wird, wenn ein Passagier oder ein Besatzungsmitglied das erste Mal den Äquator übertritt. Nancy machte das feuchte Nass, in das sie getaucht wurde, nur Vergnügen, denn sie liebte Wasser über alles.

Im Laufe der dreiwöchigen Überfahrt wurde der Koch ihr bester Freund. Sie wusste genau, wo er wohnte und besuchte ihn regelmäßig nachmittags in seiner Kajüte, wo sie auf seinem Sofa Platz nahm und mit ihm einige Appetithäppchen zu sich nahm.

Hatte er sie mit seinen Leckereien bestochen? Oder war es 'mehr' zwischen ihnen beiden? Ich denke, irgendwie haben beide etwas gesucht und im anderen gefunden.

In der langen Zeit die ich mit meinem Vater in Südamerika lebte, u.a. in Chile und Argentinien, gewann ich auch die Zuneigung seiner anderen Tiere, die mit uns auf „große Fahrt" gegangen waren. Ich hatte engen Kontakt zu seinen Löwen, Tigern und Affen. Wobei ich es einem Schimpansenjungen wohl ganz besonders angetan haben musste. Bei allen Dingen, die ich tat, war er aktiv und interessiert dabei. So sehr, dass mein Vater mir die Verantwortung für ihn übertrug. Sinnigerweise nannte ich ihn „Dieter". Wenn mein Vater mich rief, drehten sich immer gleich zwei Köpfe in seine Richtung!! Ohne „Dieter" und meine geliebte Bärin „Nancy" wäre ich, so weit fort von zu Hause, vor Heimweh wohl krank geworden.

Die Liebe zu Nancy war der Schüssel für meinen weiteren Lebensweg, den mit den Bären. Nancy wurde durch unsere gemeinsame Arbeit so berühmt, dass nach unserer Rückkehr sogar Roman Polanski mit uns zusammen arbeiten wollte. Er dachte daran, das Shakespearedrama Macbeth[1] mit Nancy zu neuem Leben zu erwecken.

---

1 Siehe auch Filmarbeit zu Roman Polanskis „Macbeth",

Als nach einigen Jahren mein Vater spürte, dass sich sein Leben langsam neigte, legte er das Wohl der von mir so sehr geliebten Bärin Nancy liebevoll in meine Hände.

Ein Jahr später brachen Nancy und ich Richtung Osten auf – die Japaner waren es, die uns riefen. Als wir Deutschland verließen, ahnten wir nicht, dass uns „das Land der aufgehenden Sonne" und seine Menschen so faszinieren würden, dass wir zwei Jahre dort blieben. Allein Nancys Gegenwart und ihr Charme machten sie dort zu einem allseits bekannten Star.

Wir waren in Tokio genauso berühmt wie in Nagasaki und lebten lange Zeit auf der Insel Okinawa. In Deutschland kannte man uns kaum. Manchmal denke ich: „Der Prophet im eigenen Land zählt nicht viel".

Da ich Japan nicht als Tourist besucht, sondern mit den Menschen dort gelebt habe, nahm ich in dieser langen Zeit viel von der fremden Kultur an. Dieses friedfertige Zusammenleben, oft auf engstem Raum, diese Freundlichkeit bei weit weniger Freizeit als zu Hause haben mich sehr erstaunt.

Als anlässlich eines Feiertages ein japanischer Männerchor Nancy und mir zu Ehren auf Deutsch: „Am Brunnen vor dem Tore!" sang, rührte mich das sehr. Mit den mir zur Verfügung stehenden 'Mitteln' bedankte ich mich herzlich auf Japanisch.

Ich fühlte mich hier so wohl, dass ich im zweiten Jahr unseres Aufenthaltes dort beschloss: Ich werde Japaner!

Leider ließ sich dieser Traum nicht so einfach realisieren. Aber dennoch hat diese schöne Zeit in Japan meine Sichtweise sehr verändert und mein Leben geprägt. Der Aufenthalt in Asien und auch den anderen Teilen dieser Welt mag wohl auch der Grund dafür sein, dass ich vieles anders und auch nicht so eng sehe. Ich denke, daher kommt es, dass ich oftmals über den Tellerrand hinausschaue.

Auch die kulturgeschichtliche Vergangenheit, auf der die für uns Europäer oftmals unverständliche Handlungsweise der Japaner basiert, hat mich sehr interessiert. Ein altes japanisches Sprichwort sagt:

„Ein Samurai hat ein Gesicht – andere Menschen haben sieben!"
Dies bedeutet, wenn ein Samurai dieses eine Gesicht verloren hat,
beendet er lieber sein Leben (oft durch Harakiri),
als ohne Ehre weiterzuleben.

Das letzte halbe Jahr unseres Japanaufenthalts lebten Nancy und ich auf der größten japanischen Insel Hokkaido. Hier erlebte ich das erste Mal, dass es möglich ist, dass Bären und Menschen friedfertig miteinander in einer Art Symbiose leben können.

Ich fand hier damals schon Lösungsansätze, die verdeutlichen, dass es auch andere Möglichkeiten gibt als Gewalt, um Konflikte zu beseitigen und mit Andersartigkeit umzugehen.

Dies wurde mir am Beispiel der vom Meer zurückkehrenden Fischer deutlich. Schon von weitem beobachteten die dort zahlreich in freier Wildbahn vorkommenden Bären das Anlegen der Boote. Sie waren gefüllt mit fangfrischen Leckerbissen. Um sich die Freundschaft mit ihren „Bärenfreunden" nicht zu verderben, wird der Beifang dort an sie verschenkt. Dieses nonverbale Abkommen macht es möglich, dass die Fischer den ganzen Vormittag in Ruhe arbeiten können, ohne dass ihnen ein Haar gekrümmt wird. Der Bär wäre ja auch dumm, würde er sich selbst den Ast, auf dem er sitzt, absägen!

Nach kurzer Zeit auf Hokkaido lernten Nancy und ich zwei junge Bärinnen kennen, Dolly und Bianka. Sie besaßen den gleichen Charme und waren genauso faszinierend wie Nancy. Nach einigen Tagen spielten die drei gemeinsam auf dem großen Gelände neben meinem Haus, das ich extra für Bianka im japanischen Stil hergerichtet hatte. Sie besaßen die für Hokkaidobären typischen langen weißen Krallen und wunderschöne, löwenmähnenähnliche Köpfe. Von Nancy haben sich die jungen Bärinnen viel abgeguckt. Sie waren sehr wissbegierig und neugierig, was für Hokkaidobären typisch ist.

Die Bärin Nancy sollte mich noch lange Zeit begleiten, sie wurde geradezu Teil meines Lebens. Erst nach 37 (!) Jahren trennte der Tod die vertraute Beziehung – wir hätten sogar 'Silberne Hochzeit' feiern können.

So kehrten wir nach zwei Jahren zu viert aus Japan nach Deutschland zurück. Nach meiner Rückkehr begann ich damit, die in der Fremde gewonnenen Eindrücke und Aspekte in der Tierhaltung in die Tat umzusetzen. Wichtig war mir, den Tieren ihren eigenen Charakter zu belassen. Nur durch Zuwendung und Belohnung förderte ich die verschiedenen Anlagen meiner Lieblinge. Auch war mir die ihrer Art eigene Umgebung sehr wichtig. Ich erwarb große Freigehege. Hier konnten die Bären unter meiner Obhut ihrem Spieltrieb und ihrer angeborenen Neugier nachgehen - nach Maden und Wurzelwerk suchen, Baumstämme wälzen, herumtollen und sich in der Sonne aalen - je nach Laune.

Mein liebe- und würdevoller Umgang mit ihnen machte mich bald über die Grenzen Deutschlands hinaus bekannt.

Frühzeitig wurden über Roman Polanski hinaus andere große Regisseure, wie Jean-Jacques Annaud (Der Bär), auf mich und meine Bären aufmerksam. Auch Jean-Paul Belmondo ist mir kein Fremder, wurde doch der gemeinsam gedrehte Film „Das As der Asse" ein großer Erfolg. Doch Näheres dazu später!

Oft werde ich auf meinen antiken, hölzernen Wohnwagen angesprochen, der direkt am Eingang zu meinem Gelände steht.
Meine Antwort fällt dann immer gleich aus:
„Das ist mein Leben, darin wurde ich geboren, darin bin ich aufgewachsen.
Dieser Wagen ist die Wurzel meines Lebens, und ich behalte und pflege ihn,
damit ich niemals vergesse, wo ich herkomme!"

Das ist er, „Der mit den Bären lebt"

Familiengeschichten:

Meine Erlebnisse als „Bärenvater"
Eine bärenstarke Liebe

... und jedermann in dem kleinen Leinestädtchen Alfeld weiß davon.
Wovon? Von einer bärenstarken Leidenschaft!

Für mich beginnt der Tag wie für viele andere:

Aufstehen, Morgentoilette, Frühstück, Gutenmorgenküsse verteilen an meine Lieben. An Frau und Kinder ? Ja, ab und zu! Aber zur morgendlichen Routine gehört bei mir unbedingt auch die Begrüßungszeremonie mit meinen „braunen Riesen".

Da ist Max, der Langschläfer, der vor zehn Uhr morgens nicht geweckt werden möchte. Mascha und Dimka dagegen erwarten mich jeden Morgen schon voller Ungeduld und müssen vor ihrem Frühstück mit mir schmusen. – Ich liebe sie alle gleichermaßen.

Auf Nachfragen eines Fernsehteams, das bei mir zu Gast war, was es denn mit dieser 'Bärenliebe' auf sich habe, antwortete ich: „Wenn man in den Bann der Liebe zu ihnen gezogen wird, kommt man nicht mehr davon los". Ich bezeichne die Art, mit meinen Bären zu leben, immer als Symbiose, geprägt von gegenseitigem Respekt und Achtung voreinander. Manchmal glaube ich fast, ich entwickle mich selbst zu einem Bären. Wenn ich mein Spiegelbild betrachte, diese große kräftige Gestalt, auch meine Hände entsprechen eher riesigen Pranken eines großen Tieres als denen eines homo sapiens.

Seit Jahren denke und fühle ich (mich fast) wie ein Bär. Das ist die Basis für diese einmalig innige, harmonische Beziehung. Jeder Bär ist ein Individuum, eine Persönlichkeit mit all ihren Stimmungsschwankungen, genau wie ein Mensch.

1971 waren wir alle noch jünger: Roman Polanski sitzt auf Nancy, ich in mittelalterlichem Outfit.

Meine Bären, die Stars und ich

Filmarbeit zu Roman Polanskis „Macbeth"

Im Jahr 1971 stand plötzlich ein Team des schon damals weltbekannten Regisseurs Roman Polanski bei mir vor der Tür. Polanskis bisherige Filme, u.a. „Tanz der Vampire", 1969, in dem er mit seiner damaligen Frau Sharon Tate die Hauptrollen besetzte und Regie führte, und „Rosemarys Baby" waren Riesenerfolge. Polanski wollte nach der weltberühmten Vorlage des Werkes „Macbeth" von William Shakespeare, der im 17. Jahrhundert gelebt haben soll, einen Film drehen. Nach langen Recherchen und Vorarbeiten war es endlich soweit: Das Drama, das sich angeblich im frühen Mittelalter in Schottland abgespielt hatte, sollte verfilmt werden.

Infolge konstruktiver Gespräche und der Bitte Polanskis, mich mit meiner Bärin in die Produktion mit einzubringen, reiste ich mit ihr nach England und traf mich mit dem Weltstar in den Shepperton-Studios in London.

Nach dem Durcharbeiten des Drehbuches zu diesem etwas ungewöhnlichen Projekt verabredete sich Polanski mit mir für den Abend auf einen Drink.

Pünktlich war ich in einem vornehmen Pub zur Stelle und wollte auf einem der für uns reservierten Plätze warten. Das gestaltete sich jedoch schwierig. Oben ein flottes Sakko mit Schlips und Kragen und die untere Partie 'nur' mit einer Jeans versorgt - das sorgte für Aufsehen und Probleme zur damaligen Zeit. Erst als Roman Polanski erschien, ebenfalls in einer Jeans, war auch meine Hose plötzlich o.k. und salonfähig. Wir wurden freundlich empfangen und kurz darauf von einem Blitzlichtgewitter geblendet. Polanski befand sich in einem schwierigen Lebensabschnitt, und er freute sich, dass wir so ungestört plaudern konnten nachdem die Fotografen verschwunden waren. Macbeth[2] war der erste Film, den er nach der Ermordung seiner Frau Sharon Tate, die hochschwanger auf bestialische Weise erstochen worden war, gedreht hat.

Zur gleichen Zeit wurde anderorts in den Shepperton-Studios ein weiterer großer Film gedreht, dessen Titel mir leider entfallen ist. Die Pausen verbrachten beide Filmteams oft gemeinsam. Und da geschah es! Ich begegnete der „Frau meiner Träume", derjenigen, für die ich schon immer geschwärmt habe. – Liz Taylor!

---

2 Resümee des Filmlexikons: „ Nach mehr als ein Dutzend Macbeth-Verfilmungen ist die des polnischen Regisseurs Roman Polanski aus dem Jahre 1971 die beste Kino-Adaption!"

Ich hatte schon immer großen Respekt vor dieser in meinen Augen großartigen und einmaligen Schauspielerin, und nun bekam ich Gelegenheit, ihr anlässlich unserer nachmittäglichen „Teatimes" meine Hochachtung einmal persönlich auszusprechen. Wem ist es schon vergönnt, seinem Idol zu begegnen und mit ihm den Nachmittag zu verbringen?

Kürzlich ließ Roman Polanski mich übrigens durch einen gemeinsamen Bekannten, der ihn in München auf dem Filmball traf, grüßen. Er dächte gern an die Zeit mit mir und meiner Bärin zurück und würde sich freuen, mit mir einen weiteren Film zu drehen.

Mal sehen, was die Zukunft bringt!

Ja, ich liebe alle meine Bären. Und doch ist meine Beziehung zu Bianka anders. Mit ihr verbindet mich, auch heute noch, so etwas wie Seelenverwandtschaft. Sie war die einzige Bärin, die Nancy das Wasser reichen konnte. Viele Menschen sagen, „Bären haben keine Mimik". Ich komme durch mein jahrzehntelanges Zusammenleben mit ihnen zu einer etwas anderen Meinung. Aber solche Feinheiten der Mimik und auf welche Art man sie überhaupt erfassen kann, bleiben wohl nur einem Menschen wie mir vorbehalten. Bianka und ich verstanden uns auch ohne Worte. Ein Blick genügte oft, und jeder von uns wusste, wie der andere denkt oder fühlt. Hatte ich Sorgen? Hatte Bianka Stress im Sinne von „Zickenwirtschaft" mit ihren Artgenossinnen um Max? Oder wird es ein lustiger Tag für beide, den wir zusammen genießen können?

„Na, Bianka, wie ist es? Wollen wir einen kleinen Ausflug machen?"

Der Kübelwagen stand schon bereit, und ruckzuck hatte Bianka auf dem Beifahrersitz Platz genommen. Ja, das war das Schönste für sie – auf der B 3 dahinsausen und den Fahrtwind in ihren Haaren bzw. Fell spüren: „Ach, wie schön ist mein Leben mit Dieter, besser könnte es nicht sein!"

Bianka und ich bei einem Ausflug im Auto

Regisseurs Roman Polanski aus dem Jahr 1971 beste Kinoadaption!"

Der Film „Das As der Asse"

Nach der Rückkehr passierte es: Dass das Telefon oft klingelte, war normal, schließlich interessierten sich viele Menschen für Bianka und ihre 'bärenstarke' Familie – und für mich, den Mann, der mit den Bären lebt!

War es wieder jemand von meinem 'Fanclub'? Nein, diesmal war es für Bianka und den kleinen Braunbären Nabazzo[3].

Ein Produzent aus Frankreich rief an. Laut einem Drehbuch, in dem Jean-Paul Belmondo mitspielte, sollte ein Bär neben ihm die zweite Hauptrolle spielen. Diesen „Part" sollte unbedingt „ein Kramlbär" übernehmen.

Gern wollte der Regisseur Bianka, von der er schon gehört hatte, und mich in die französische Produktion „Das As der Asse" mit einbinden. Es fehlte nur noch ein junger Bär. Doch auch diesen kleinen Quirl konnte ich anbieten. So machten wir drei uns einige Wochen später auf den Weg.

Ja, das waren schon aufregende Momente während der Dreharbeiten mit Jean-Paul Belmondo. Solch einen höflichen, äußerst fähigen Schauspieler und gleichzeitig einzigartigen Stuntman hatten Bianka und ich noch nie aus unmittelbarer Nähe erlebt.

Belmondo freundete sich auch gleich mit Bianka und Nabazzo, dem kleinen Bärenjungen, an. Immerhin würden die beiden in diesem Film neben ihren menschlichen Kollegen die zweite Hauptrolle spielen. Er wollte gar nicht mehr ablassen von dem kleinen Bären, der auch seinerseits eine große Zuneigung zu dem Weltstar gefasst hatte.

Doch bevor sie gemeinsam unbeschreibliche Abenteuer bestanden, musste Belmondo in Berlin seine Szenen als 'Trainer der französischen Nationalmannschaft' abdrehen. Der Film spielt im Jahr 1936, dem Jahr der Olympiade in Berlin. Es werden historische Liveauftritte, z.B. vom Einzug der Mannschaften vor den Augen unseres kleinen Österreichers mit schwarzem Schnäuzer, eingeblendet. Jean-Paul lernt den kleinen Judenjungen Simon kennen und versucht, ihn in einer wilden Verfolgungsjagd mitsamt dem kleinen Nabazzo über die deutsch-österreichische Grenze zu bringen.

Herrlicher Background und aktionsreiche Szenen ließen diese Produktion zu einem einzigartigen, auch historisch wertvollen Gesamtkunstwerk werden.

---

3 Genannt nach dem Waldgott der Shawnee-Indianer: Nanabazzo

Jean-Paul Belmondo und Nabazzo

Als ich zufrieden mit meinem 'Filmteam' wieder in Alfeld, der Heimat der Bären, ankam, hieß es gleich wieder 'Kofferpacken'. Die Franzosen konnten nicht genug bekommen von meinem kleinen Bären und hatten seinetwegen extra das Drehbuch erweitert. Diesmal wurden wir gebeten, per Flugzeug nach Paris zu kommen.

Zum Flughafen brachte uns ein Teammitglied in meinem Wagen, in dem ich hinten mit Nabazzo saß – selbstverständlich beide angeschnallt. Hand in Hand gingen wir zum Einchecken und legten unsere vorbereiteten Tickets vor.

Es sollte unser erster gemeinsamer Flug werden. Unser Anblick mochte schon etwas seltsam anmuten, als wir so nebeneinander vor dem Schalter standen. Der kleine Bär hatte sich aufgerichtet und schaute sich neugierig und interessiert sein Gegenüber an, das aus einer sehr gut aussehenden Mitarbeiterin der Lufthansa bestand. Entweder hatte sie recht viel zu tun oder ihre Brille nicht auf. Ich schloss das aus ihrer Äußerung: „Nein, auch wenn Sie zwei Plätze gebucht haben, der Hund kommt in den Gepäckraum!" „Aber ich hab doch gar keinen Hund bei mir, nur diesen süßen kleinen Bären, und für den übernehme ich jede Garantie, dass er sich in dieser einen Stunde Flugzeit gut benimmt!" Erst da erkannte sie den Ernst der Lage. „Ein Bär! – Nein, der schon gar nicht!"

Wohl oder übel mussten Nabazzo und ich in den sauren Apfel beißen und uns kurzfristig trennen. Geduldig machte er es sich in der eigens für ihn besorgten kleinen Transportkiste, in der sonst große Hunde transportiert werden, gemütlich. Man hat ihm sogar, was damals noch möglich war, aus der Küche frische Möhren gebracht und ihm damit den Flug 'versüßt'. Ich denke, mit der letzten Möhre war er bis kurz vor der Landung beschäftigt. Zum Glück wurde ihm nicht schlecht!

In Paris gelandet, ging es problemlos mit dem bereitgestellten Taxi zum Studio, wo Jean-Paul schon ungeduldig auf seinen kleinen Freund wartete.

Durch die Bären in der zweiten Hauptrolle mag es wohl kommen, dass dieser Film auch heute noch nach nahezu zwanzig Jahren, wenn „Das As der Asse" auf dem Programm steht, enorm hohe Zuschauerquoten erreicht. Hinzu kommt, dass er einen entscheidenden positiven Beitrag zur deutsch /französischen Freundschaft leistet[4].

Nabazzo im Film mit seinem Freund Jean-Paul, dem „As"

---

4 *Gerade für diese ist ein enges kulturelles Geflecht, das auch ungewöhnliche Begegnungsformen einschließt, sehr förderlich.*

Der Film „Der Bär"

Ich erinnere mich noch genau an den Tag, als ein FAX aus Frankreich kam. Durch meine recht häufigen Aufenthalte dort bin ich des Französischen ziemlich mächtig. Doch ich traute meinen Augen nicht und gab das FAX vorsichtshalber in professionelle Hände, ließ es mir Wort für Wort übersetzen. Es kam von dem Regisseur Jean-Jacques Annaud persönlich!

Ihm war bekannt, dass ich voller Liebe und Fürsorge, geprägt von großer Zuneigung und Respekt, mit meinen Tieren lebte und arbeitete. Ich freute mich sehr, dass er an mich und meine über die Grenzen Deutschlands hinaus bekannten Bärendamen Bianka, Mascha und Dimka dachte, um aus dem Drehbuch „Der Bär" endlich einen Film werden zu lassen. „Bart", der Kodiakbär, war schon 'engagiert'.

Es fehlte nur noch eine Bärenmutter mit ihrem Jungen und zwei magische Hände, die das Wunder vollbringen sollten, einen kleinen Braunbärenjungen mit dem Riesen „Bart"[5] zu befreunden. Und zwar so, dass der kleine Bär keinen körperlichen oder seelischen Schaden erleiden würde. Gelänge dieses Vorhaben nicht, könnte er sein ganzes Drehbuch verwerfen. Nach ein paar Tagen und langen Telefongesprächen stand fest:

Bianka, Dimka, Mascha und 'Nabazzo und ich wurden verpflichtet.

Vier Wochen später war die Aufregung groß. An einem warmen Frühlingstag hieß es Abschied nehmen von der restlichen Bärenfamilie. Wie gut, dass 'Mutter Bär' Helga zu Hause blieb und sich liebevoll um die Daheimgebliebenen kümmerte. Wie jeden Morgen nahmen die Bären erst einmal ein ausgiebiges Bad. Sie tobten und planschten im Swimmingpool herum.

---

[5] Nur durch das pädagogische Know-How eines guten Tierlehrers, wie Herrn Kraml, und seine unendliche Geduld war es möglich, dass das kleine Bärenjunge von dem Kodiakbären toleriert und akzeptiert wurde. Dieses ist einmalig.

Dann kam das Frühstück: Möhren, Äpfel, Paprika und frische Brötchen. Der Tag verlief wie viele andere davor. Wäre gegen Abend nur nicht dieses Geräusch des auf vollen Touren laufenden MAN gewesen. Jeder der Bären wusste, es ging auf große Fahrt. Aber wen würde ich dieses Mal mitnehmen? „Aha, Bianka, ihre Freundinnen und Nabazzo. Na gut, nächstes Mal sind wir wieder mit dabei", dachten wohl Max und der Rest der Bärenfamilie.

Für die 'Auf große Fahrt' gehenden Bären war eigentlich alles nur Routine. Abendessen in ihrem rollenden Hotel. Schlafen in ihrem „Nachtexpress", aufwachen und da sein. Da sein?

Auf einer herrlichen Alm mit wunderschönem Talblick und mächtigen Gebirgsmassiven im Hintergrund. Ich hatte schon ein riesengroßes Gehege, nur mit einem leichten Weidezaun begrenzt, aufgebaut. – Es war wie ein Wunder, dass diese großen, starken und mächtigen Tiere diesen 'Faden' respektierten und achteten[6]. Ach ja, hier ließ es sich leben. Wie Rasenmäher machten sich die Bären über das frische grüne Gras her.

Die Dreharbeiten begannen am nächsten Tag. Das bedeutete für das Team, um 4.00 Uhr morgens aufstehen, hochfahren zum Set und arbeiten bis zum Dunkelwerden – manchmal auch nachts. Wobei die Bären es gut hatten. Sie konnten sich dann tagsüber auf ihre Bärenhaut legen und waren nachts munterer als wir. Moment mal . . . arbeiten? Nein, Spaß hatten die Bären! Mühelos folgten sie meinen Anweisungen, z.B. über einen Baum balancieren, hoch über einem Abgrund. Immer die angeblichen 'Häscher' auf den Fersen, die aber in Wirklichkeit echte Bärenliebhaber waren.

Dimka und ich

---

[6] *Dieter Kraml war der erste Tierlehrer in Deutschland, der mit seinen Bären auf diese Art arbeitete. Statt durch Gitter begrenzt er das Gehege seiner Tiere durch einen dünnen fadenähnlichen Zaun, durch den theoretisch Strom fließen kann, was aber zum Erstaunen aller fast nie der Fall ist. Auch das macht einen guten Tierlehrer aus: Nonverbale Gesetze zwischen ihm und seinen Tieren und gegenseitiges Vertrauen.*

Ah, dort drüben auf dem Hügel hat auch schon Doug Seus Station gemacht. Bianka, Mascha und Dimka beäugten aus der Ferne den kräftigen, gut aussehenden Kodiakbären „Bart" und machten ihn durch kräftige Ruflaute auf sich aufmerksam. Nur Nabazzo erschien die Sache etwas zweifelhaft. Das konnte doch wohl nicht wahr sein, dass er und Bart die Hauptrollen spielen sollten.

Hoffentlich hatte Bart gut gefrühstückt und würde ihn nicht als 'Vorspeise' vernaschen. Wie gut, dass „Bärenvater" Dieter da war – der 'Papa' wird's schon richten!

Vorsichtig, jeden Tag etwas mehr, gewöhnte ich den kleinen Bären an den großen Kodiakbären Bart. Doug Seus, mein amerikanischer Kollege, konnte es selbst kaum fassen, dass so etwas möglich ist. Doch durch viel Liebe und Geduld wurden die beiden Bären sogar Freunde, und der kleine „David" durfte dem großen „Goliath" in einer Szene sogar das angebliche 'Blut' ablecken, was Bart sogar noch zu genießen schien. Aber nur durch meine jahrelangen Erfahrungen konnte ich die Reaktionen der Bären vorausahnen und dafür Sorge tragen, dass nichts passieren würde.

Bart, der Kodiakbär und Nabazzo

Das Drehbuch beinhaltet in Kurzform Folgendes:

Vergnügt trollt sich ein kleines Bärenjunges im Gras, während seine Mutter Honig aus einer Felsspalte holt. Durch einen Steinschlag wird die Bärenmutter erschlagen. Das Junge kauert sich eine Zeitlang an den reglosen Körper der Mutter. Hungrig schläft es ein. Am nächsten Tag nähert sich das Bärenjunge einem von Jägern angeschossenen Kodiak-Bären und leckt ihm die Wunden. Der mächtige Koloss akzeptiert das Waisenkind und nimmt es in seine Obhut. Beide bestehen zusammen die größten Gefahren.

„Der Bär" ist ein außergewöhnlicher Tierspielfilm. Die faszinierende Spannung entsteht, indem er fast ausschließlich aus der Sicht der Bären gedreht wurde. Der Regisseur Jean-Jacques Annaud ("Der Name der Rose") benötigte für dieses Meisterwerk insgesamt 6 Jahre. Die Dreharbeiten dauerten über ein halbes Jahr.

Nachdem die Aufnahmen endlich unser aller Vorstellungen entsprachen, machten wir uns auf den Rückweg Richtung Heimat. Im Laufe der vielen Wochen und Monate waren so einige Freundschaften entstanden – doch nun hieß es Abschied nehmen. Unser Transport setzte sich in Bewegung. Einer meiner zuverlässigen Assistenten übernahm den Transport mit einem Teil des Teams, den Requisiten, unserer Garderobe für ein halbes Jahr, Futter für die Tiere und weiteren Utensilien. Ich fuhr, wie immer, den Truck mit meinen Tieren Richtung Heimat.

Ja, diesen Auftrag hatten mein Team, meine Bären und ich erfolgreich abgeschlossen. Ich hatte das sichere Gefühl, dass der Film „Der Bär" auch beim Publikum gut ankommen würde. Das wirkliche Ausmaß des Erfolgs, dass er sich sogar in Amerika, wo er den Titel „Bart the bear" bekam, zu einem Kultfilm entwickeln würde, konnte ich so kurz nach den Dreharbeiten noch nicht absehen. Er wurde zu einem „modernen Klassiker" der Tierfilmgeschichte. Ich bin sehr stolz darauf, mit meinen Tieren an diesem Welterfolg mitgewirkt zu haben.

Lass dich überraschen!

Respektvoll und mit viel Freude denke ich an die Arbeit mit Rudi Carrell zurück. Innerhalb weniger Jahre kreuzten sich gleich viermal unsere Wege, um gemeinsam an Produktionen für die Fernsehzuschauer zu arbeiten. Die eine Folge von „Lass dich überraschen" ist mir dabei in ganz besonderer Erinnerung geblieben. Wie es dazu kam, schildert ein Teammitglied aus seiner Sicht:

Was war das? Ein lautes Lachen ließ mich in meiner Arbeit innehalten.

Ich fütterte gerade meine zwei besten Freunde: Sarah, eine sehr gelehrige Bordercolliehündin, und Odin, einen jungen Berner Sennenhund, der ständig versuchte, meine ganze Zuneigung ungeteilt zu erobern.

Und schon liefen die beiden lautstark zur Tür, um den Besuch anzumelden. Mussten sie Haus und Hof verteidigen, oder war der Gast willkommen?

Mit den Worten: „Ich bin Emmesche", kam mit ausgestreckter Hand, gut gelaunt eine temperamentvolle Ungarin auf mich zu und erklärte mir gleich, sie habe gerade jeden Bären mit Namen begrüßt. Ausnahmslos alle hätten sich über ihr Kommen gefreut.

Ich tat, als sei es selbstverständlich, dass jeder Gast Kramls Bären mit Namen kannte, und diese ihre Gäste. Edelmütig lief ich zwei Stunden mit einem großen Fragezeichen auf der Stirn herum. Im Lauf der Jahre habe ich viele kuriose, sehr interessante und unvergessliche Menschen kennen gelernt im Hause Kraml. Es war selbstverständlich, dass Steven Spielberg ein Team vorbeischickte, um etwas abzuklären. Auch andere große Regisseure, Produzenten, Schauspieler waren hier schon zu Gast.

Emmesches Gegenwart jedoch machte mich etwas rat- und hilflos. Jeder Bär wurde von ihr am Kopf gekrault und verwöhnt.

Da die Bären nicht in meinen Händen aufgewachsen sind, überlasse ich solche 'Intimitäten' lieber ihrem Leitbären, Herrn Kraml. Das Wort Angst kannte Emmesche anscheinend nicht. Als ich zu fragen wagte, woher diese Vertrautheit denn wohl käme, sagte sie nur: „Ich liebe Bären über alles, und das genügt – sie spüren das!"

Dann ging sie in die Spiel- und Trainingshalle der Bären, in der eine große Fotogalerie Einblick gab in das aufregende Leben dessen, der mit den Bären lebt! Vor einen Bild blieb sie stehen. Plötzlich legte sich ihre Stirn in Falten, und sie wurde traurig. „Bianka, du gute Seele, ich vermisse dich so sehr!"

Woher kannte sie Bianka? Sie wusste anscheinend sogar, was mit Bianka geschehen war. Von Dieter hatte ich bis dahin über das weitere Leben mit seiner Bianka nur wenig erfahren.

Was hatte es mit Emmesche auf sich?

Später in gemütlicher Runde platzte es aus ihr heraus:

Seit vielen Jahren besuchte sie regelmäßig, d.h. ein bis zweimal im Jahr, Dieters Bären und hatte in dieser Zeit, durch Beobachtung der verschiedenen Charaktere und Vorlieben jedes einzelnen Tieres einen innigen Bezug zu ihnen aufgebaut. Damals lief gerade die Sendung „Lass dich überraschen" mit Rudi Carrell im Fernsehen. Rudi hatte von der Bärenfanatikerin gehört und setzte sich mit Dieter in Verbindung. Ein paar Tage später trafen sich Dieter, Bianka und Rudi in München, wo Emmesche am Stadtrand in einer ruhigen Gegend wohnte. Nichts ahnend öffnete sie, als es an der Haustür klingelte. Draußen stand Rudi Carrell und sagte: „Ich habe gehört, Sie lieben Bären über alles. Schauen Sie mal, wer da kommt!" Und wer kam da? Auf dem Gartenweg kam mutterseelenallein ihre geliebte Bianka, mit Emmesches Tageszeitung unter dem Arm. Bärenvater Dieter und die Kameraleute natürlich im Verborgenen immer dabei. Emmesche bekam vor Freude kein Wort heraus und musste schlucken.

Nun verbrachte sie einige Tage mit ihrer Bianka, der gelehrigsten Bärin, die Dieter wohl je besessen hatte. Bianka begleitete sie bei allen alltäglichen Dingen. Und der Bär hatte seine Freude daran, was man ihm deutlich anmerken konnte. Morgens erledigten die beiden zusammen die Hausarbeit – Staubsaugen und was man sonst noch so tut. Doch als es Bianka reichte, zog sie einfach den Stecker heraus, und es wurde eine Pause eingelegt. Wo? – auf dem Sofa natürlich. Dort saß sie dann neben Emmesche und legte ihr vorsichtig die Tatze aufs Knie. Beide schauten zusammen fern. Vollkommen entspannt. Was sie gesehen haben? Die „Bärenmarke-Reklame" natürlich – mit dem kleinen Plüschbären als Werbeträger.

Anschließend machten sie es sich auf der 'grünen Wiese' im Garten gemütlich und blätterten gemeinsam in Magazinen. Dann brachen sie auf zur Stadtrundfahrt in Emmesches Wagen. Zum großen Erstaunen der Münchner und ihrer Besucher.

Emmesche erzählte mir, dies seien die schönsten Tage in ihrem Leben gewesen! Nun wusste ich, was es mit ihrer Liebe zu den Bären auf sich hatte. Aber die Wehmut in ihren Augen, wenn sie von Bianka sprach, konnte ich immer noch nicht verstehen.

Zwischenzeitlich, im Sommer 2006, hat uns Rudi Carrell, der Moderator der zuvor beschriebenen Sendung „Lass Dich überraschen", für immer verlassen. Immer wieder hörten wir Herrn Kraml im Team in den vergangenen Jahren lehrreiche Worte von Herrn Carrell zitieren. Sie waren sehr prägend für ihn und seine Arbeit. Gern hat er seine weisen Ratschläge berücksichtigt bei all seinem Tun.

In stillem Gedenken hat er im Fernsehen die Trauerfeierlichkeiten dieses großen Entertainers verfolgt und ihm leise: „Servus und danke!" gesagt.

Bianka beim Besuch Emmesches mit Rudi Carrell und mir.

Wenn ein Bär Dich das letzte Mal ansieht

Neun Monate später im Februar. Was ist mit Bianka los? – „Na, mein Mädchen ... Wollen wir mal den Arzt rufen?"

Die Lebenserwartung eines Bären ist kürzer als die eines Menschen, das bedeutet: irgendwann heißt es Abschied nehmen.

Entweder stirbt ein Bär eines natürlichen Todes, d.h. durch Altersschwäche. Oder es treten, wie auch beim Menschen, unheilbare Krankheiten auf. Das geschah Bianka. Bei ihr wurde unheilbarer Magenkrebs diagnostiziert. Sie hatte keine Chance.

Ich wusste, dass ich ihr nicht mehr helfen konnte. Aber so wie man einen geliebten Menschen in seiner letzten Stunde nicht allein lässt, blieb ich bis zur letzten Minute bei Bianka. Es war, als ging ein Teil von mir. Sie starb in meinen Armen. Es war der schlimmste Tag in meinem Leben. Zumindest genau so schlimm, als hätte mich ein Familienmitglied für immer verlassen[7]. Liebevoll bedeckte ich sie mit einer Decke und ließ meinen Tränen freien Lauf. Aber urplötzlich musste ich meine Trauer abbrechen. Das Bärenleben meldete sich wieder.

Der Flirt zwischen Mascha und Max im Mai zeigte Folgen. Bei Mascha hatten vor drei Stunden nach neunmonatiger Tragezeit die Wehen begonnen. Ich konnte das Kleine schon sehen. „Ganz prima

---

[7] Bären in freier Wildbahn sind vielen Gefahren ausgesetzt. Erkrankungen, oft denen der Menschen gleich, Nahrungsmangel und Verletzungen mit nachfolgenden Infektionen, setzen dem Leben dieser Tiere oft ein frühzeitiges Ende. Selten werden 30 Lebensjahre erreicht. Anders verhält es mit der Lebenserwartung von Bären in menschlicher Obhut. Das älteste Exemplar im Leipziger Zoo erreichte 48 Jahre.

machst Du das, mein Mädchen, gleich hast du es geschafft!" Ja, sie hatte es geschafft – aber ich hielt ein totes Junges in den Händen. „Lieber Gott, was habe ich dir getan?" brach es aus mir heraus.

Mascha sah mich fragend und zugleich tröstend an. Was geschah da? Innerhalb von Minuten brachte Mascha noch 2 kräftige Junge zur Welt, die nun in meinen Händen zappelten. Es ist, das sei hier betont, eine große Ausnahme, dass Bärenmütter während der Niederkunft Menschen überhaupt in die Nähe ihrer Jungen lassen. Maschas Vertrauen zu mir schien unendlich. Abwechselnd leckte sie ihre Babys – und mir die Hände.

Kräftig und gesund waren sie für die Verhältnisse gerade geborener Bärenjungen. Aber ich wusste schon: Auch wer später ein großer kräftiger Bär werden will, ist bei der Geburt nicht größer als eine Hand.

Wie oft liegen Trauer und Freude im Leben beieinander!

Ich gab ihnen die Namen Robin und Mary. Diese stammen aus einem alten englischen Adelsgeschlecht. Nach Robin Hood und Lady Mary-Anne.

Links: Robin und Mary auf meinem Arm, 3 Monate alt; und als Riesen

Nora, das Energiebündel

Nora wurde im gleichen Jahr wie Robin und Mary geboren. Wenn auch äußerlich nicht all zuviel Ähnlichkeit zwischen Bianka und Nora bestand, so besaß sie doch ihre Intelligenz und Gelehrigkeit. Es schien mir so, als wenn meine geliebte Bianka in Nora weiterlebte.

Nora gehört zu den Intelligenz-Bestien unter den Bären. Ihre Beobachtungsgabe ist so stark ausgeprägt, dass sie Dinge nicht nur gern nachahmt, sie erkennt sogar Situationen und stellt ihr Verhalten ganz gezielt darauf ein. Sie besitzt neben dem einmaligen Kurzzeitgedächtnis – an dem es den Menschen häufig mangelt – ein extrem ausgeprägtes Langzeitgedächtnis. Mit diesem haben übrigens die wenigsten Homo sapiens Probleme, selbst bei Demenzkranken ist es oft noch recht ausgeprägt vorhanden. Wenn man ehrlich ist, weiß man oft Dinge aus der Jugend sehr genau, die Erinnerung daran, was wir jedoch am Tag zuvor gegessen haben, bereitet uns oft Probleme. Aber, wie gesagt, bei Nora ist beides gleich stark ausgeprägt.

So war es wohl auch kein Wunder, was wir mit ihr erlebten: Als sie noch klein war und meiner Tochter beim Spielen zusah, bemerkte diese, dass Nora sie nicht aus den Augen ließ. Sie fragte mich, ob Nora wohl Spaß daran hätte, auch einmal auf ihrem Roller zu fahren. Ich wagte ein Experiment. Ich legte den Roller in Noras Spiel- und Trainingshalle und holte sie herein. Die anderen Spielsachen würdigte sie keines Blickes, sondern ging unmittelbar auf den Kinderroller zu. Mit meiner Hilfe dauerte es keine Viertelstunde, sie gab Schwung und sauste durch die Halle. Von dem Tag an konnte sie gar nicht genug bekommen davon.

Aber, wie gesagt, das ist lange her. Inzwischen fährt Nora lieber Jeep mit mir, und auch sie liebt es, genau wie Bianka, wenn der Fahrtwind ihr durch die Haare weht.

Ja, Nora liebt ihre Ausfahrten mit mir sehr. Sie ist ein echtes Energiebündel. Nur anhalten darf ich nicht, dann schimpft sie, was sich in lautstarkem wütendem Brummen äußert.

So wie an dem Tag, als man sie zu Hause schon von weitem hören konnte. Es war ein schöner Frühlingstag, und Nora und ich waren zu einer 'Landpartie' mit unserem historischem Kübel aufgebrochen. Ich hatte nicht bemerkt, dass sich über den Winter ein kleines technisches Problem eingeschlichen hatte. So sausten wir unsere Lieblingsstrecke, die B3, hoch und gaben ordentlich Gas. Gas? – Bis zu dem Zeitpunkt, als uns das Benzin ausging. Die Anzeige funktionierte nicht mehr richtig. Doch in Panik gerieten wir deshalb nicht, obwohl es wohl auch für mich nicht gerade alltäglich ist, im vollen Straßenverkehr mit einem Bären an der Seite liegen zu bleiben. 'Freund und Helfer' war schnell zur Stelle. So kam es, dass Nora und ich von zwei Polizisten persönlich nach Hause 'geschoben' wurden.

Ich war recht guter Laune, nur der armen Nora reichte die Geschwindigkeit nicht aus, die die kräftig arbeitenden Polizisten erbringen konnten. Sie äußerte das durch missbilligendes Schimpfen.

Doch nun zurück zu Noras Erinnerungsvermögen. Über ein Jahrzehnt hatte die Bärin ihren Roller nicht mehr gesehen, geschweige denn gefahren. Plötzlich, während einer großen Umräumaktion kam 'ihr' Roller wieder zu Tage. Mit lautem Fauchen und Brummen ging sie auf ihn zu und siehe da –

sie hatte das Fahren nicht verlernt! – So viel zum Gedächtnis mancher Bären.

Nora ist von klein auf aktiv. Gleich im ersten Sommer ihres Lebens ging sie bei schönem Wetter immer gemeinsam mit den gleichaltrigen Bären Robin und Mary schwimmen. Nach einem zehnminütigen Spaziergang durch die Leinewiesen kamen sie immer an der Stelle an, an der eine Quelle in den Fluss mündete. Hier hatten die drei jungen Bären ihren Spaß, und so mancher Spaziergänger traute seinen Augen nicht! Unbesorgt schwammen sie stromauf und stromab.

Nora beim Schwimmen in der Leine

Auf mein Rufen hin kamen sie sofort zurück. Immer. Bis auf das eine Mal. Da erschienen nur zwei Bären bei ihrem 'Bärenvater'. Und wo war Nora? Ich rief und rief. Sie kam nicht. Nach einiger Zeit gab ich die Suche auf und wollte mir von zu Hause meinen Jeep holen, um das Gelände abzufahren. Um die Menschen machte ich mir übrigens keine Sorgen. Wohl aber um Nora - übereifrige Jäger gab es überall.

Als ich mit meinen zwei kleinen Bären zu Hause ankam, war die Freude groß – denn wer saß dort vor dem Tor? Meine Nora! Sie schaute mich ängstlich an, als wollte sie sagen: „Schimpf nicht, ich tu es auch nicht wieder!" Vor Freude konnte ich sie auch nicht ins Gebet nehmen, trotz der großen Sorgen, die ich mir um sie gemacht hatte. So ist sie eben, meine Nora!

Nora und die Medien

Vor einiger Zeit war auch Carlo von Tiedemann mit einer netten Kollegin in meinem Hause zu Gast. Sie hatten gehört, dass es in Alfeld jemanden gibt, der mit seinen Bären an 'der Leine' spazieren geht, und von Nora, die leidenschaftlich gern Jeep fährt. Diese Ereignisse wollte er sich und seinen Zuschauern nicht vorenthalten. Etwas ungläubig traf er schon am frühen Morgen mit seiner 18-köpfigen Crew in Alfeld ein. Er traute seinen Augen nicht, als ich in der 'Leinewiese' tatsächlich mit einem Bären an der 'Leine' spazieren ging, welcher ihn und sein Team freundlich brummend begrüße

Anschließend ging es auf zu einer örtlichen Bäckerei, wo schon die frischen Brötchen auf Nora, Karlo und Dieter warteten.

Mein Team und ich hatten sehr viel Spaß bei den Dreharbeiten mit dem äußerst höflichen und kompetenten Carlo von Tiedemann.

Nora mit Besuch beim Brötchenholen

Korea-TV

Selbst bis Korea hörte man von Nora. So kam es, dass zu Ostern 2006 das Fernsehteam eines großen koreanischen Fernsehsenders vor der Tür stand. Seine Zuschauer wollten mehr hören von meinem sozialen Engagement und meiner ungewöhnlichen Bärendame und ihrer Familie. Was es mit ihren schauspielerischen Künsten auf sich hatte, demonstrierte sie spontan in ihrem neuen mobilen Freigehege.

Ohne Probe zeigte sie, wie schnell sie – wie bei 'echten' Filmaufnahmen oft gewünscht - einen Picknickkorb plündern, ein improvisiertes Zelt zerstören und in Bäume klettern kann.

Die Begeisterung der Koreaner war ohne Grenzen, und die Filmaufnahmen sind, wie wir hörten, auch beim dortigen Publikum sehr gut angekommen . . . mit dem Wunsch nach mehr.

Anfang Januar 2007 hat sich „Frau Im", die Chefin des koreanischen Senders, tatsächlich gemeldet und einen Termin für weitere Dreharbeiten im Sommer abgesprochen!

Hera und Zeus

Aber auch die jüngeren Geschwister meiner Nora, „Hera" und „Zeus", stehen ihrer großen Schwester in nichts nach. In der wohl spannendsten Folge der Serie „Forsthaus Falkenau" sollten sie „Förster Rombach" alias Christian Wolff das Fürchten lehren.

Zum Inhalt:

Ein wilder Bär treibt, zum Abschuss mit Pfeil und Bogen von einem jungen Mann als „Geburtstagsgeschenk" ausgesetzt, in der Nähe von Küblach sein Unwesen. Hera und Zeus gaben laut Drehbuch ihr Bestes. Ich erzähle Ihnen nur eine Szene von vielen. Zwei Kinder flüchteten vor dem Bären in ein Blockhaus. Es musste sehr bedrohlich aussehen, und der Bär sollte wütend mit Gewalt und Brüllen Tür und Fenster zerstören. Viele fragten mich: „Wie konnten Sie Ihre sonst so braven Tiere dazu ermuntern, dass diese Szene so fantastisch und spannend wurde?"

Auch dem Filmteam war es unklar, nachdem es in den Tagen zuvor meine Tiere nur handzahm erlebt hatte, wie dies gehen könnte. Ich verrate Ihnen ein Geheimnis. Ja, meine Bären waren wild und scharf – wie gewünscht – scharf auf den in der Hütte versteckten – Thunfisch!!!

Durch mein langjähriges Zusammenleben mit meinen Bären und deren Beobachtung habe ich viele Erfahrungen gesammelt. In Verbindung mit einem gewissen Feingefühl bekam ich eine Art siebter Sinn und wurde so wohl zu einem Experten.

Wie könnte es sonst sein, dass ich die Bedürfnisse meiner Tiere anhand der ihnen eigenen Kommunikationsmöglichkeiten klar erkenne? Nur das sich Hineinversetzen in ihre Seele, ihre Bedürfnisse und ihr Verhalten und durch meine uneingeschränkte Einsatzbereitschaft ist es möglich, dass es meinen Bären an nichts mangelt.

Der Bär ist das dem Menschen ähnlichste Säugetier, was sein Erscheinungsbild - geprägt durch seinen Hang zum aufrechten Gang -, seine Intelligenz, sprichwörtliche bärenstarke Mutterliebe und den Hang zur Genäschigkeit betrifft.

Durch das Öffnen meiner Pforten für die Öffentlichkeit möchte ich einen Ort der Begegnung schaffen für Mensch und Tier, für Menschen, die mehr über diese einzigartigen, ihnen so ähnlichen Geschöpfe erfahren möchten. Ich will Wissen schaffen und Verständnis wecken durch Aufklärung, Informationen und hautnahe Beobachtung dieser früher auch in Deutschland heimischen Tierart.

Gleich neben meinem Wohnhaus leben die Bären auf den extra für sie hergerichteten Flächen. Da gibt es Bäume zum Zerlegen und Untersuchen. Zwei Swimmingpools für schöne Sonnentage, wo die Bären auch durchaus gemeinsam mit mir, ihrem 'Leitbären', den Sprung ins Wasser wagen.

Zeus und ich im Swimmingpool

Der Tagesablauf eines Kramlbären sieht so aus: Morgens steht zunächst, nach der innigen Begrüßung, der 'Hausputz' durch den 'Oberbären' bzw. mein Team auf dem Programm. Nach dem Trinken frischen Quellwassers oder auch mal eines Schlucks von meinem Kaffee, verbringe ich den größten Teil des Tages auf den so genannten 'Gemeinflächen' mit meinen Tieren. Ich 'besitze' die Bären nicht, ich lebe mit ihnen. Daher der Buchtitel „Der mit den Bären lebt!

Mittags ist 'Möhrenzeit'. Um den Organismus zu stärken und zu schonen, bekommen die Bären jeder ca. 15 Stück davon, die im Laufe des Nachmittags auch schon wieder 'das Licht der Welt erblicken'. Ich denke, es wäre auch für uns Menschen eine gesunde Ernährungsweise, würden wir diese Art der 'Darmreinigung' bei uns einführen.

Ich passe meinen Tagesablauf dem der Bären an. Wir verbringen, den Jahreszeiten entsprechend, unser Leben zusammen. Bis abends der letzte Bär schläft, bin ich bei meinen Tieren und bereite ganz nebenbei schon wieder irgendwelche Überraschungen oder Aktivitäten für den nächsten Tag für sie vor. Das bedeutet, dass ich während der Sommermonate selten vor 23.00 Uhr zur Ruhe komme.

Am aufregendsten und schönsten für die Bären ist es aber, wenn ich, der 'Leitbär', mich zu ihnen geselle und mit ihnen herumtolle. Die Bären spielen systematisch mit mir 'Fangen' oder lassen sich von mir jagen. Der Sieger, entweder ich oder der Bär, tut seinen Erfolg kund durch 'auf den Baumstumpf springen'. Anschließend beginnt die wilde Jagd von vorn.

Wer diese Symbiose von Mensch und Bär einmal erlebt hat, kann sie erstens nicht fassen und wird sie zweitens nie vergessen. Immer wieder wollen sie von mir in den Arm genommen oder geküsst werden, da kann manch einem Zeitgenossen der Neid in den Augen stehen!!

Sanft wecke ich meine Nora nach dem Mittagsschlaf auf!

Bei schönem Wetter geht es auf zum Schwimmen. In einem wunderschönen Tal habe ich ein großes Gehege für meine Tiere inklusive See. Hier sind meine 'Bären-Wasserratten' im Sommer zu Hause. Hier wird immer voller Energie mit mir um die Wette geplantscht. Nur Max nicht. Er liebt zwar auch das Wasser, mag aber seine Ruhe dabei. Er genießt es einfach nur, im Wasser zu liegen. Ab und zu fängt er sich eine von den langsam immer weniger werdenden Forellen.

Das reicht ihm an Aktion. Er legt sich wieder auf seine Bärenhaut und ruht sich aus. Bis es ihn wieder von neuem ins Wasser zieht.

Ab und zu verbringen die Bären auch ihre Zeit gemeinsam mit mir in der Spiel- und Trainingshalle. Da sind Robin und Mary, die Braven. Um etwas zum gemeinsamen Lebensunterhalt beizutragen, haben sie die Rolle für einen Fernsehfilm übernommen und sollen nun sehr gefährlich aussehen. Da greife ich in die Trickkiste und halte ihnen ein Gummibärchen hin. Dafür laufen sie meilenweit – und reißen 'ganz gefährlich' das Maul weit auf! Nur solch humaner Tricks bediene ich mich, um bei meinen Tieren zu 'landen'.

Abends jedoch gehen die Bären pärchenweise in ihre Häuser, in denen sie die Hauptmahlzeit erhalten. Ihre Lieblingskost besteht aus Obst und Gemüse, wie Weintrauben, Erdbeeren, Salate, Möhren, Paprika, Tomaten usw.

Wobei auch jeder Bär seine Vorlieben hat. Max zum Beispiel bevorzugt Zwiebeln und Knoblauchzehen und hasst Paprikaschoten. Hält man den anderen z.B eine grüne, gelbe und rote Paprikaschote hin, bevorzugen die meisten von ihnen die roten. Also ergreifen sie diese zuerst. Durch diese Auswahl nach Farben, die die Bären treffen, und anhand weiterer Beobachtungen habe ich festegestellt, dass Bären Farben unterscheiden können.

Ich halte solche Beobachtungen fest. Sie sollen der Grundlagenforschung zum Thema Braunbären dienen.

Einmal pro Woche bekommen die Bären abends gekochtes Fleisch. Wenn die Suppe anfängt zu duften, steigert sich die freudige Erwartung auf das anstehende Menu enorm. Jeder möchte der Erste sein.

Bei solch gesunder Ernährung ist es kein Wunder, dass das Fell glänzt und alle Bären den Tierarzt nur vom 'Namen her' kennen. In den vielen Jahren, die ich mit den Bären verbracht habe, musste er nur ganz selten gerufen werden.

Empirische Erfahrungen

Wie zuvor schon erwähnt, halte ich meine Beobachtungen über die Verhaltensweisen der bei mir lebenden Bären schriftlich fest. Wichtig ist für mich die Erkenntnis, dass meine Tiere, obwohl sie bei mir geboren sind, sich in vielen Situationen wie ihre Artgenossen in der freien Wildbahn verhalten. Sehen sie einen Baumstamm, wird dieser von allen Seiten beäugt und in alle Richtungen gedreht, voller Hoffnung, dass darunter etwas Essbares krabbelt.

Sind zuhause oder im Gehege die Äpfel reif, wird sich solange gestreckt, geschüttelt oder in den Baum geklettert, bis genügend Früchte verspeist sind und ein Sättigungsgefühl eintritt.

Die Laute meiner Bären und deren Bedeutung sind denen der wild lebenden gleich. Ist etwas Leckeres, jedoch nicht schnell Erreichbares in der Nähe (in freier Wildbahn z.B. eine schlecht erreichbare Baumspalte, gefüllt mit Honig – oder bei uns zu Hause die duftende Suppe, die zum Abkühlen beiseite gestellt wurde), werden die Bären ganz aufgeregt und geben laute klägliche, fast jammernde Geräusche von sich. Diese bedeuten: Ich kann nicht mehr länger warten – Ich möchte es jetzt essen / trinken!

Begegnen die Bären in freier Wildbahn einem Artgenossen, und sie mögen sich nicht, aus welchem Grund auch immer, ist die Begrüßung nicht besonders herzlich. Sie brüllen sich lautstark an, meist für ein bis zwei Minuten und das ganze endet dann, wenn es gut geht, mit immer leiser werdenden Klackgeräuschen. Darauf trollt sich jeder in eine andere Richtung. Es sind die gleichen Geräusche, wie wenn meine Bären Stress miteinander haben. Nach drei bis fünf Minuten ist alles vorbei, als ob nichts gewesen wäre.

Ein Geräusch ist nur meinen Bären eigen: Es entsteht, wenn sie mir liebevoll und dankbar die Körperteile, meist Hände und Arme, küssen. Diese nicht enden wollende Zuneigung einem Menschen gegenüber kann selbstverständlich in freier Natur nicht ausgelebt werden. Es hört sich an wie eine Mischung aus einem laufenden Dieselmotor im Gleichtakt und einem lautstarken Schmatzen.

Gerade in letzter Zeit wurde mein Wissen über die 'verbale Verständigung' meiner Bären untereinander in entscheidendem Maße erweitert! Die nachstehende Beobachtung konnte ich besonders wiederholt bei Nora und Gipsy, den 'Intelligenzbestien' unter meinen Tieren, feststellen.

Wenn Gipsy Unmutlaute äußert, z.B. bei der Fellpflege, die sie eigentlich wie alle anderen Bären sehr liebt, oder beim Aufsteigen auf den Hänger, wird sie von ihrer Schwester Nora ganz konkret zur Ordnung gerufen. Sofort benimmt sie sich umgänglich, ohne 'Murren'. Umgekehrt, wenn Nora ihren Dickkopf hat und meint, sie und nicht ich sei 'der Chef' im Ring, weist Gipsy sie durch gezielte Laute darauf hin, dass die Bären und ich ein 'Agreement' haben. Ich lese den Bären fast jeden Wunsch von den Augen ab, um ihnen ein Leben in bewachter Freiheit zu ermöglichen – dafür bin ich der Chef und nicht Nora! Sofort nach Gipsys Ermahnung ist wieder alles in Ordnung, und Nora und ich sind erneut die besten Freunde.

Bisher habe ich viel Vergnügliches und Lehrreiches mit den Bären erlebt und Ihnen vorgestellt, wie etwa den normalen Bärentagesablauf und die Gewohnheiten meiner Tiere. Im Folgenden möchte ich von den neusten Ereignissen in der Bärenfamilie erzählen – von heiteren und traurigen.

Bruno, Nora und ich – „Menschen 2006"

Wir feiern den 1. Advent im Jahre 2006, den Beginn des neuen Kirchenjahres und der Vorweihnachtszeit, in der wir Christen die Vorfreude auf Christi Geburt, das Weihnachtsfest, bekunden. Seine Jünger und viele andere Menschen haben Jesus damals geliebt und verehrt. Und trotzdem wurde sein Leben durch Intoleranz, Angst und Unwissenheit viel zu früh beendet.

Advent bedeutet Ankunft. Auch für uns. Im wahrsten Sinn des Wortes. Es ist der 3. Dezember 2006. Ich bin gerade mit meinem Team und meiner „Nora" angekommen – auf dem Gelände des ZDF in München. Mir, Dieter Kraml, und meiner Braunbärin Nora ist die große Ehre zuteil geworden, von Johannes B. Kerner in seine Sendung „Menschen 2006" eingeladen worden zu sein. Der Grund war mein Einsatz zur Rettung des Braunbären „JJ1", liebevoll „Bruno" genannt.

Bei herrlichem Sonnenschein bauen wir ein schönes Freigehege für Nora und ihre 'ständige Begleitung', ihre über alles geliebte Schwester „Gipsy", auf. Nora geht gern auf Reisen, immer in der Hoffnung, dass es etwas Spannendes zu erleben gibt. Sie ist wie ein kleiner 'Actionman'- ihre Schwester dagegen liebt den Müßiggang und die Ruhe. Erwartungsvoll zwinkern die beiden in die strahlende Sonne, die es hier in München Anfang Dezember gut mit uns meint. Da sie während der Fahrt geschlafen haben, räkeln und strecken sie erst einmal genüsslich ihre Glieder. Dann geht es auch schon los. Nora liebt Bäume und Sträucher. Schon werden die ersten Äste abgebrochen und anschließend auf Insekten untersucht.

Nachdem sich auch mein Team langsam akklimatisiert hat und ich die Administration erledigt habe, wünscht Herr Kerner eine Probe mit Nora und mir, damit am Abend auch alles klappt. Also schnappe ich mir meine Nora und möchte mit ihr über den uns zugewiesenen Weg das Studio betreten. Ein Mitglied meines Teams hat es sich inzwischen im Zuschauerraum gemütlich gemacht und verfolgt alle Proben für den Abend. Da es den besseren Überblick hat, berichtet es uns anschließend Folgendes:

„Vorn auf dem großen Podest der wunderschön hergerichteten Bühne standen drei Sessel. Einer für Nora, einer für Dieter und einer für Herrn Kerner, der im Moment – wohl aus Sicherheitsgründen – noch drei Reihen von der Bühne entfernt saß. Die Proben mit „Rosenstolz", Ulrich Wickert und das Interview mit dem neuen James Bond-Darsteller Daniel Craig waren schon gut gelaufen. Nun wollte J. B. Kerner eigentlich Dieter interviewen und Nora begrüßen. Doch aus dieser Entfernung? Und wo blieb Nora? Ich dachte: 'Hält sich hier niemand an das Drehbuch und einen Zeitablauf?'

Über Funk kam endlich die Meldung: „Der Bär kommt!" Zwei Minuten später ertönte erneut die gleiche Stimme: „Der Bär kommt nicht!" und dann „Er geht zurück und holt seine Schwester." Nichts ohne meine Schwester! Dieser Satz wurde wohl eigens für Nora ins Leben gerufen. Nichts geht ohne ihre Gipsy. Später erfuhr ich, dass Nora nur einmal in das dunkle Studio, das sie durch den Hintereingang mit ihrem Dieter betreten sollte, schnüffelte und sich auf dem Absatz umgedreht hat Richtung Freigehege. Was Nora nicht möchte, braucht sie auch nicht. Aber kaum war Gipsy an ihrer Seite, ging sie zielstrebig auf das Studio zu.

Im Studio betrachtete Herr Kerner das Ganze immer noch aus gebührender Distanz. Hier hatte Gipsy, für die Zuschauer nicht sichtbar, neben der Bühne Platz genommen. Strahlend und selbstbewusst kam Dieter mit seiner Nora an der Seite von oben die Stufen der Bühne herunter, und sie nahmen in den für sie bereit gestellten Sesseln Platz. Nora allerdings musste erst alle Sessel ausprobieren und fand schließlich den für sie bequemsten heraus. Ich hörte Herrn Kerner sagen: „ Oh, nein, was mache ich, wenn Nora sich am Abend das Ganze anders überlegt und auf meinem Sessel Platz nimmt, auf dem ich ja dann schon sitze?" Aber nun saß sie artig und still und genoss es sichtlich, der Mittelpunkt zu sein, so dass sich auch Herr Kerner in ihre Nähe traute und die Probe beginnen konnte.

Die Resonanz der anwesenden Gäste und der fast 6 Millionen Fernsehzuschauer auf den am Abend folgenden Live-Auftritt war grandios. Es war ja auch zu köstlich anzusehen, wie toll die Nora sich benahm. Nachdem J.B. Kerner Dieter die Hand zur Begrüßung gereicht hatte, streckte auch sie ihm ganz wohlerzogen, im Sessel sitzend, ihre Tatze entgegen. Kerner übersah diese Höflichkeitsgeste aber vorsichtshalber.

Immer in der Gewissheit, dass ihre Schwester ja hinter der Bühne auf sie wartete, war sie guter Laune. Nora genießt solche Auftritte wie eine kleine Diva. Genussvoll verspeiste sie die von Dieters hübscher Tochter Franziska angebotenen Weintrauben. Zum Schluss gab es noch einen großen Schluck aus der Eisteeflasche, die sie liebevoll mit beiden Tatzen festhielt.

Nebenbei erzählte Dieter dem Publikum und Herrn Kerner auf dessen Nachfragen, er sei nach wie vor davon überzeugt, dass es möglich gewesen wäre, Bruno mit seiner Nora und einigen anderen unterstützenden Maßnahmen einzufangen, so dass ihm der Tod im Morgengrauen erspart geblieben wäre."

Der Abend aus meiner Sicht:

In mir ist eine große Freude, aber auch Angst. Angst davor, dass die Traurigkeit, die ich seit dem Sommer 2006 in mir trage, mein sonst so professionelles fröhliches Auftreten vor laufender Kamera überdeckt. Aber ich bin nicht allein. Meine Bärin „Nora", mit der ich alles, so auch Freud und Leid teile, ist bei mir. Fragend schaut sie zu mir, während Kerner mich begrüßt. Als wollte sie sagen: „Ich war bereit, den Bruno für Dich anzulocken, damit Du ihn hättest einfangen können. Auch ohne meinen Sexappeal, wie oft fälschlicher Weise verbreitet, spielen zu lassen. – Aber man ließ uns beide nicht!"

Wie kam es zum Abschuss von JJ1 alias „Bruno"?

Ich kann mich noch an jede Einzelheit des Sommers 2006 erinnern! Da lief zum einen „das Sommermärchen" der WM ab. Und da setzte nach mehr als 170 Jahren der erste Braunbär seine Tatze auf deutschen Boden. Ich lasse diese für mich unvergesslichen Wochen, die nur hier und da durch flüchtige Nebel etwas unklar werden, an uns vorüberziehen …

Vor Freude laut bellend sprangen Sarah, meine gelehrige Bordercolliehündin, und Odin, der junge tapsige Berner Sennenhund, nach unserer Rückkehr aus dem Wald an meinen Teammitgliedern Edda, Sabine und Heide hoch. Sie freuten sich ohne Ende, die drei wieder zu sehen. Als wären Ewigkeiten vergangen seit heute morgen. Die Hunde taten so, als ob sie jede Menge zu erzählen hätten von ihrem Ausflug mit mir und den Jugendlichen. Für die Vierbeiner übernahmen das Erzählen Sven, Mike und Mirco, einige der vielen Jugendlichen, die mir in den letzten Jahren von der Jugendgerichtshilfe anvertraut worden sind, um sie auf den 'rechten Weg' zu bringen.

Ja, ich kann mich noch genau daran erinnern. Fast den ganzen Tag habe ich mit den Jugendlichen bei herrlichem Frühlingswetter im Wald verbracht.

Die Buchenblätter hatten schon zaghaft begonnen auszuschlagen, nur die Lärchen waren ihnen voraus und erstrahlten in frischem Lindgrün. Es war ein schöner Tag, und selbst die Jugendlichen genossen ihn, während sie mit mir in 'Gottes freier Natur' arbeiteten. Die Natur hat etwas Besänftigendes für die sonst recht raubeinigen jungen Zeitgenossen. Voller Stolz erzählten sie, dass den Wald, in dem sie für Ordnung gesorgt haben, fast niemand wiedererkennen würde. Ja, es ist schon ein schönes Fleckchen Erde. Ein Gönner hat mir dieses ca. 35 ha große Grundstück auf einem Berg mit Wiesen und Mischwald für meine Bären und die gemeinnützige Arbeit unseres Vereins „Bärenwelten in uns" zur Verfügung gestellt.

Doch das Team, das sich während meiner Abwesenheit um die Bären kümmert, ließ uns kaum ausreden. Voller Aufregung berichteten sie: „In Österreich, in Voralberg, hat man einen Bären gesehen – und er hat sogar zwei Schafe gerissen." Ich sehe noch heute ihre enttäuschten Gesichter, als sie feststellen mussten, dass dies für mich nichts Außergewöhnliches war. In Österreich leben einige Bären, nur man sieht sie selten. War ich doch selbst schon vor einigen Jahren gebeten worden, einen dieser etwas übermütigen Artgenossen meiner 'braunen Riesen' aufzustöbern. Und dass er zwei Schafe gerissen hat, war auch noch normal. Die paar Früchte, die er zu dieser Jahreszeit fand, reichten ganz bestimmt nicht aus, um den Bärenhunger zu stillen, den er nach der langen Winterruhe verspürte. So weit ich wusste, gab es in Österreich ein Konzept, wie man Herden vor großen Raubtieren schützen sollte, bzw. ist dort klar, wer für eventuelle Schäden aufkommen muss.

Nein, dieses Vorkommen beunruhigte mich nicht. Wohl aber mein Team. „Dieter, der Bär ist nahe der Bayerischen Grenze gesehen worden. Er hat dort ein Bienenhaus ausgeräumt!", hieß es am 17. Mai. Und gar am 20.: „Nun ist er in Bayern". Ich ließ mir meine Sorge nicht anmerken. Meine Sorge darum, dass in Deutschland, sprich Bayern, bisher noch niemand auf die Idee gekommen ist, ein Konzept zu erstellen für den Umgang mit Großraubtieren und wie man mit solch einer Situation umgehen könnte bzw. sollte. Bayern ist auf solch eine Situation gar nicht vorbereitet. Der Fall „X" war ja auch seit mehr als 170 Jahren noch nie eingetreten.

Doch meine Sorge schien unbegründet zu sein. Denn der bayerische Umweltminister sagte: „Wenn nach Bayern die Bären zurückkehren, ist das ein guter Parameter, ein Zeichen dafür, dass hier die Natur noch in Ordnung ist".

Hier, wie im Folgenden handelt es sich um Fotos meiner Bären aus meinem Archiv.   D.K.

Aus dem Tagebuch eines Braunbären

Montag, 20.05.2006

"Ja, hier lässt es sich gut leben! Ich hab gar nicht gemerkt, dass ich die österreichische Staatsgrenze überschritten habe. Nach der langen Winterruhe in meiner Höhle habe ich einen „Bärenhunger". Früchte und Beeren gibt es noch nicht, aber dort drüben weiden die ersten Schafe . . . lecker – und zum Nachtisch hole ich mir Honig aus dem Bienenstock gegenüber und dann ab auf die Lichtung zwischen den dichten Tannenwäldern. Dort erwärmen die ersten Sonnenstrahlen das frische Gras. Hier werde ich mich auf meine Bärenhaut legen und ein Nickerchen machen.

. . . so, das tat gut. Vor mir liegt der Eibsee in Grainau. Dort auf der anderen Seite, die drei Wesen auf zwei Beinen, dass müssen Menschen sein, vor denen ich immer gewarnt worden bin. Aber sie sehen so friedlich aus! Wenn sie mir nichts tun – ich tue ihnen bestimmt nichts! Das letzte Mal habe ich im Spätsommer des Vorjahres gebadet. Ich bin ein leidenschaftlicher Schwimmer, und so schnell kommt die Gelegenheit nicht wieder, ein ausgiebiges Bad zu nehmen. Wer weiß, was morgen ist?!?

Jetzt bleiben die Wanderer stehen und schauen mir beim Baden zu. Obwohl es in diesem Ortsteil Garmisch-Partenkirchens sehr einsam ist, ist es wohl besser, wenn ich mich wieder in die Wälder zurückziehe, nachher kommt es doch noch zu Missverständnissen – wegen meiner Bärenkräfte . . .

Ja, eventuelle Missverständnisse und die Bärenkräfte des Tieres bereiteten mir Kopfzerbrechen. Und schon wieder musste ich hören: „Dieter, jetzt hat er in der Nähe von Grainau bei Garmisch-Partenkirchen Geflügel und zwei Schafe gerissen".

Sein Appetit war groß. Und sein neues Habitat erschien den Laien, aber auch den 'Fachleuten' riesig!

> Männliche Tiere durchstreifen ein Gebiet von bis zu 1.000 km², weibliche bis zu 300 km². Da die weiblichen Tiere oft Junge führen, sind sie bodenständiger und setzen ihre Jungen nicht der Gefahr aus, von einem umherstreifenden Männchen getötet zu werden. Mit dem Töten der Jungen bewirken die Bären, dass die Bärin wieder paarungsbereit wird.

Gerade junge Bären, die sich im ersten Jahr von der Mutter gelöst haben, kennen sich selbstverständlich bei ihren Streifzügen auf der Suche nach einem neuen Habitat in dessen 'Nahrungsvorkommen' noch nicht aus. Sie betrachten, ähnlich unseren heranwachsenden Jugendlichen, Schafe, die nicht weglaufen (können), als eine Art 'Fastfood-Restaurant' und schnellen 'Snack' im Vorübergehen. Haben sie sich allerdings für ihr Revier entschieden, halten sie in der Regel lieber ab und zu nach anderen Kleintieren aus der freien Wildbahn Ausschau.

Eine Konfrontation des Bären, zumindest mit den Gesetzeshütern, auf welche Art auch immer, schien mir langsam unausweichlich!

Sie gaben das Tier zum Abschuss frei. Es hagelte Protestschreiben aus allen Himmelsrichtungen. Die Tierschützer waren empört. Aber – schon wieder gab es Balsam für meine Nerven. Die Kirche schaltete sich ein und ließ verkünden: „Der Papst hat mit der Aufnahme des Bären in sein Wappen das Heimatrecht des Bären in Bayern neu bekräftigt."

Nun setzte ich mein 'Gottvertrauen' auf die katholische Kirche, zumal ich, zwar als 'Protestant' und noch dazu als 'Preiß', freundschaftlich mit ihr verbunden bin. Diese Freundschaft entstand anlässlich des nachstehenden Ereignisses, auf das die katholische Kirche in der „größten Deutschen Tageszeitung" Bezug nahm. Zu Brunos Schicksal werde ich später noch einmal zurückkehren.

Der Korbinianbär

Ich erzähle Ihnen nun ein kleines Bären-Erlebnis aus dem Jahr 1983, dem Jahr der Amtseinführung des Kardinal Wetter zum neunen Erzbischof von München und Freising. Danach wird sich Ihre Frage, was es mit dem Korbinianbären wohl auf sich hat, geklärt haben.

Ich bekomme täglich viel Post. Häufig auch von Menschen, die an mir und an meiner Arbeit mit den Bären interessiert sind, was mich immer sehr erfreut. Doch der Umschlag, den ich an jenem denkwürdigen Tag in den Händen hielt, grenzte sich von der üblichen Post ab. Er kam aus der Bischofsstadt Freising. Mir war bis dahin lediglich bekannt, dass es dort ein ehemaliges Kloster namens Weihenstephan und einen Dom gibt.

Wie es vielen Menschen so geht, bin ich ein typischer Weihnachtschrist (das heißt, leider besinne ich mich oft nur zu großen Feiertagen auf meinen Glauben). Oder mir fällt, wie vielen meiner Mitmenschen auch, der 'liebe Gott' erst ein, wenn ich ihn brauche.

Nun hielt ich diesen Umschlag aus Freising in den Händen und öffnete ihn gespannt. Ich wurde gebeten, dort hin zu kommen, damit alles weitere mit mir besprochen werden könnte. Alles weitere? Auf der zweiten Seite war sogar von meiner Bärin Bianka die Rede. „Bianka und ich nach Freising? War das eine

Belohnung oder gar Strafe? – Sollte ich geläutert werden? So schlimm war ich ja nun auch wieder nicht."

Tatsächlich ging es hauptsächlich um Bianka, die ich 'begleiten' durfte. Angelehnt an die Geschichte des heiligen Korbinian, der im 8. Jahrhundert Bischof von Freising war, sollte ein echter Bär dem Kardinal Wetter die Glückwünsche der Stadt überbringen. Der sollte nämlich am Sonntag, den 20. Februar 1983 in das Amt des Erzbischofs von München und Freising eingeführt werden.

Ich versuche, den Inhalt der Legende in wenigen Worten wiederzugeben.

Im frühen Mittelalter, Ende des 8. Jahrhunderts, machte sich der damalige Bischof Korbinian aus dem Kloster Freising auf den Weg zum „Heiligen Vater" nach Rom. Unterwegs auf seiner mühseligen Reise durch die Alpen erschlug ein Bär sein Pferd. Da er den Bären nicht fürchtete, zähmte er ihn und brachte ihn dazu, sein Gepäck nach Rom zu tragen. Dort angekommen, habe er das Tier jedoch entlassen, das sich dann wieder in die heimatlichen Wälder trollte.

Nach einigen Tagen der Vorbereitung machte ich mich mit meinem Team und Bianka auf den Weg zum Domberg nach Freising, der uns für die nächsten Tage Unterkunft bot.

Mit einem etwas seltsamen Gefühl kamen wir dort an. Aber statt dunkler Gemäuer begrüßte uns die dortige Diözese in strahlender Pracht. Es war schon ein erhebender Moment und wunderschöner Anblick, als wir diesen geschichtsträchtigen Ort hoch über Freising in der Sonne liegen sahen. Zweimal jährlich findet dort die deutsche Bischofskonferenz statt. Die Altstadt Freisings ist kaum einen Steinwurf vom Haus entfernt.

Ein Glaubensbruder in seiner Ordenstracht wies uns nach einer herzlichen Begrüßung in die Gepflogenheiten des Hauses ein. Obwohl es sich nicht direkt um ein Kloster handelte sahen wir doch hier und da Mitglieder dieser Glaubensgemeinschaft. Man legte Wert darauf, dass meine beiden Assistenten und ich uns in den üblichen Tagesablauf einfügten. Das bedeutete, es mussten feste Schlaf-, Ruhe- und Essenszeiten eingehalten werden. Wir fügten uns gern.

Nachmittags stand 'Kultur' auf dem Programm, da wurde schon einmal der Marienplatz besucht, der spätere Ort der Begegnung im dem Kardinal. Wir hatten trotz der Reglements in den historischen Gemäuern aber auch viel Spaß. Die Diözesebewohner waren sehr weltlich. Sie standen mit beiden Beinen fest auf der Erde und gingen täglich ihrer Arbeit nach – ganz wie normale Bürger, vielleicht nur etwas fröhlicher, denn es hat auch etwas, in einer Gemeinschaft zu leben, wo jeder für den anderen da ist. Zum Nachtmahl saßen wir abends noch in geselliger Runde beisammen und sprachen über Gott und die Welt.

Eines Morgens erschien uns der Zeitpunkt des Weckens dann doch etwas unchristlich. Nachdem wir, nach dem Ertönen der Glocke, die wohl zum Gebet rief, nicht erschienen waren, betrat ein Bruder mit den Worten „Brüder richtet euch!" den Schlafraum. Mein Assistent, abrupt aus dem Reich der Träume gerissen, rieb sich die Augen und fragte mich: „Ist das jüngste Gericht gekommen?"

Nach kurzer Zeit der Vorbereitung war es endlich soweit. Es war Sonntag, der 20.02.1983 geworden. Der neue Erzbischof brachte zu seiner Amtseinführung Kaiserwetter mit. Die katholische Jugend begrüßte ihn unter strahlend blauem Himmel schon an der Stadtgrenze mit einer Geburtstagstorte. Er wurde an diesem Tag 55 Jahre alt.

Der 20.02.1983 ist auch ein historischer Tag für die Stadt Freising. Denn Herr Kardinal Wetter brachte eine gute Nachricht mit: Der Heilige Vater, Papst Johannes Paul II, hatte die geschichtliche Bedeutung Freisings als Wurzel des christlichen Glaubens anerkannt.

Die Folge war, dass der Dom ab sofort nun als (Kon)Kathedrale bezeichnet werden durfte, was eine ganz besondere Ehre für die Stadt und ihre Bürger darstellt. Die Stadt revanchierte sich prompt für das Geschenk, das der neue Erzbischof den Freisingern machte:

Man überraschte ihn auf dem Marienplatz mit meiner Bianka,

Der Marienplatz

dem Freisinger Wappentier – angelehnt an die Geschichte des heiligen Korbinian. Die Überraschung war groß, ebenso seine Rührung. Er sprach dankende segensreiche Worte, unter anderem folgende, an die ich mich bis heute Wort für Wort erinnern kann:

> *„Seid Ihr wie dieser Bär,*
> *seid alle meine Bären!"*

Ferner überreichte man ihm im Rahmen eines Festakts als Dank den 'Freisinger Bischofsstab'.

Zu meiner großen Freude hat Herr Kardinal Ratzinger, dessen Werdegang tief in Freising verwurzelt ist, nach seiner Wahl zum Papst das Wappen mit dem Korbinianbären mit nach Rom genommen. So ist dank Papst Benedikts XVI. der Korbininansbär nun in Rom heimisch.

Wappen des Vatikans[1]

Auch heute besteht wieder ein enger Kontakt zwischen der Stadt Freising und mir. Aufgrund meiner 'großen Visionen' in und für die Zukunft, auf die ich am Ende noch zu sprechen komme, arbeite ich eng mit dem Wissenschaftszentrum Weihenstephan zusammen. Die dortige Fachhochschule, Fakultät für Wald und Forstwirtschaft, gehört zur Maximilians Universität München.

---

1 Veröffentlicht an dieser Stelle mit freundlicher Genehmigung
der Diözese München-Freising.

Doch nun zurück zu „Bruno" und meiner Hoffnung auf Hilfe der Kirche.

Sie können sich sicher denken, dass mich die am Anfang dargestellten Aussagen des Ordinariatssprechers der Diözese München-Freising zum Thema Bruno in oben erwähnter Zeitung hoffnungsvoll und gerührt stimmten…

Für einige Momente hoffte ich, geprägt durch meinen damaligen Aufenthalt in Freising, dass der junge halbstarke Bär „JJ1" mit Gottes Hilfe überleben würde.

„Bruno", wie er zwischenzeitlich genannt wurde, war ein wunderschöner Bär. Er sah aus wie mein Max, er könnte sein Zwillingsbruder sein.

Es war für mich vollkommen normal, dass er sich in solch einem großen Gebiet bewegte. Er war ein neugieriges junges Männchen und das erste Jahr ohne seine Mutter und seinen Bruder unterwegs. Dieser kleine Lümmel mit Riesenappetit auf Schaffleisch – am besten in Honigsoße – hatte es allen angetan – auch mir. Aber warum musste er auch um die Häuser ziehen, warum war er so zutraulich?

> Das Verhalten junger Bären wird von der Mutter geprägt. Ich selbst lebte lange Zeit in Amerika, in Gebieten mit hoher Bärenpopulation. Aber zu sehen bekamen die Besucher dieser Nationalparks die Bären selten. Sie sind normalerweise sehr scheu und verschwinden, wenn sie einen Menschen hören oder riechen, oft lange bevor die Menschen ihre Fotoapparate und Kameras gerichtet haben. Oft ist es nur mit Hilfe eines guten Teleobjektives möglich, dass man Freunden und Bekannten zu Haus ein Bärenfoto zeigen kann.

Was hat es mit diesem kleinen Halbstarken auf sich? Was ist hier in der Erziehung falsch gelaufen?

> So lange die Bärinnen ihre Jungen bei sich führen, geben sie in den ersten zwei bis drei Jahren ihr Wissen an sie weiter. Dazu gehört, Verhaltensweisen zu vermitteln, wie bei Gefahr durch Gegenwart von Hütehunden, Menschen, aber auch in Gestalt des eigenen Vaters, Reißaus zu nehmen oder auf Bäume zu klettern. Die jungen Bären sind beim Klettern ihrem eigenen Vater oder anderen um die Gunst der Mutter buhlenden Männchen deutlich voraus. Die Bärin zeigt ihnen, wo es frisches Wasser und die dicksten Beeren gibt, wie man einen Baumstamm umdreht und nach Engerlingen absucht, und wie man ab und zu einen Hasen oder ein Rehkitz fängt.

Wer war seine Mutter?

Nach ein paar Tagen hörte ich in den Nachrichten, dass seine Mutter „Jurka" und sein Vater „Joze" sein sollen. Dies fand man anhand des genetischen Fingerabdrucks heraus. Hierzu verwendete man einige Haare seines Fells, die man in der Nähe eines seiner 'kulinarischen Happenings' an einem Stacheldrahtzaun fand.

Daraufhin bekam er den wissenschaftlichen Namen „JJ1", die Abkürzung der Initialen seiner Eltern. Seinen Bruder, dessen Wahlheimat die Schweiz geworden ist, nannte man „JJ2".

Die Eltern, Jurka und Joze, waren eingebunden in ein Wiederansiedlungsprogramm im Nationalpark Adamello-Brenta im Trentino in Italien. Hier wurden sie gemeinsam mit 8 anderen Bären aus Slowenien angesiedelt.

Im Trentino wurde JJ1 alias „Bruno" im Frühjahr 2004 geboren. Im Jahr davor lebte sich seine Mutter Jurka gerade in ihrem neuen Habitat ein. Wie schon erwähnt, auch Bärinnen durchstreifen ein Gebiet von 200 bis 300 km². . .

So befand sich Jurka, seine Mutter, eines Tages in der Nähe einer weit abgelegenen und nur an den Wochenenden von Städtern bewohnten Hütte.

Als das Wochenende vorbei war, entsorgten die Bewohner ganz unbedacht ihre Essensreste neben dem Haus auf einem Komposthaufen. Jurka dachte, der Tisch wäre für sie gedeckt – von der Bärin feindlich gesonnenen Menschen keine Spur! Ganz das Gegenteil war der Fall. Dieser Vorgang wiederholte sich einige Male, ohne dass die Menschen Jurka entdeckt hätten. Doch dann war es geschehen! Nicht, dass der Traum nun für Jurka aus war und die Menschen sie vertrieben – im Gegenteil! Am darauf folgenden Wochenende brachten ihre großzügigen Gönner noch Freunde mit, die es kaum erwarten konnten, die Bärin zu sehen. Und um sie ja nicht zu verpassen, brachten die findigen Menschen auch noch ein Glöckchen an einer Schnur im Haus an, verbunden mit dem Komposthaufen. Sobald die Bärin sich über ihren 'gedeckten Tisch' hermachte, klingelte im Haus die Glocke, und die Show begann. Von da an brachte Jurka die Gegenwart von Menschen mit Nahrung in Verbindung und gab diese erste große Weisheit auch an ihre Jungen weiter, was ihrem einen Sohn leider zum Verhängnis wurde.

Fazit: Nicht der Bär war das Problem, sondern unwissende Menschen, die es nur gut gemeint haben und sich der Reichweite ihrer Taten nicht bewusst waren. Sein gesegneter Appetit und sein Vagabundieren bereiteten Bruno langsam Probleme, von denen er nichts ahnte. Immer deutlicher assoziierte er den Menschen mit Nahrung, so wie seine Mutter es ihn gelehrt hatte.

Warum kehrte er aber nie wieder dort hin zurück, wo sich zuvor ein Schlaraffenland für ihn aufgetan hatte?

Man hatte schon in Slowenien versucht, die ebenfalls etwas umtriebige Jurka mit Gummigeschossen zu vergrämen. Doch wie sich nach meinen Recherchen herausstellte, gelingt die 'Umerziehung', das heißt Vertreibung aus einem Gebiet nur, wenn man diese Maßnahme gleich nach dem ersten auffälligen Verhalten ergreift. Sonst verbinden die Bären den zugefügten Schmerz nur mit dem Hinweis: „Hier an dieser Stelle bitte nicht speisen, such Dir einen anderen Platz!"

Er nahm sich auch die von ihr vermittelte zweite Weisheit zu Herzen. Und zwar die, nie an den gleichen Ort der Nahrungsquelle zurückzukehren, welche von zuvor beschriebenen Vergrämungsmaßnahmen herrührte. So kam es, dass er nie zweimal am gleichen Platz ertappt wurde. Und auch das waren die Früchte ihrer Erziehung!

Ich denke, so langsam lüftet sich der Schleier über Brunos Verhalten. Er hat nur ausgelebt, was man ihn gelehrt hatte.

Am 07.06.06 sollte es soweit sein! Man wollte seiner habhaft werden mittels einer dem WWF von einer großen „Firma für Kaffeesahne" gesponserten Röhrenfalle. Eigens für Bruno importiert aus den USA! Sie sollte mit Hilfe eines Hubschraubers an Brunos jeweiligen Aufenthaltsort transportiert werden.

Glaubte man wirklich, der Bruno wäre so dumm und würde in eine für seine Verhältnisse 'tierisch' nach Metall riechende Falle tapsen?

Bären haben ein viel ausgeprägteres Riechvermögen als Menschen! Sie können 3 km weit riechen. Der ersehnte Erfolg war meines Erachtens nach von vornherein zum Scheitern verurteilt.

Am 11. Juni berichtete mir mein belesenes Team: „Finnische Bärenjäger nehmen mit ihren Hunden die Spur auf!"

Ich dachte, da gibt es auch bei uns gute Suchhunde. Sie könnten viel effektiver arbeiten, den Bruno aufzuspüren, damit er betäubt und eingefangen werden kann. Sie wären billiger und wahrscheinlich erfolgreicher. Denn diese in Finnland durchaus prima arbeitenden Vierbeiner sind Flachland und Kälte gewohnt, aber keine 35° C im Schatten und steile Felswände.

So kam es schließlich auch! Nach 14 Tagen Bärenhatz ließ Bruno sich aufgrund seiner abwechslungsreichen gesunden Ernährung und gutem Konditionstraining (regelmäßiges Schwimmen im See) nicht einfangen. Er war immer schneller als die Hunde, welche bei den im Juni herrschenden hohen Temperaturen bald zu 'schwächeln' anfingen.

Ich hatte langsam das Gefühl, dass nun wirklich Gefahr im Verzuge war und wusste auf die vielen besorgten Fragen meines Teams keine Ausreden bzw. Antworten mehr.

So haben wir gemeinsam den Entschluss gefasst, den Bayerischen Behörden Hilfe anzubieten. Ich hoffte jedoch, dass man mich dort kannte und an mich herantreten würde. Gern hätte ich mit den dortigen 'Spezialisten' am runden Tisch über den so genannten 'Problembären' Bruno gesprochen. Ich hätte mit ihnen mein Wissen ausgetauscht und ihnen persönlich meine Pläne offenbart, wie ich glaubte, seiner habhaft werden zu können.

Vor dem Hintergrund, dass es mir vergönnt war, mitzuhelfen, vor 10 Jahren zwei Braunbären an einem Tag einzufangen, war ich von meinem Erfolg, Bruno einfangen und narkotisieren lassen zu können, überzeugt.

Aber es meldete sich niemand.

Bis ein Anruf kam - aus der Stadt Gundelfingen, einer wunderschönen vom Mittelalter geprägten Stadt in Bayern! Und damit kam die Lawine ins Rollen: „Herr Kraml, bitte, retten Sie den Bären!"

Es waren schon aufregende Tage für mein Team und mich. Kurz darauf waren an einem einzigen Tag 14 Fernsehsender bei uns zu Gast. Nebenbei mussten wir Interviews für die vielen Radiosender gleich per Telefon geben. Doch wie kam es zu diesem 'Großaufgebot' an Medieninteresse?

Aber warum gerade Gundelfingen? – Vor mehreren Jahren war ich mit meiner Bärendame „Nora" eingebunden in ein dort uraufgeführtes Theaterstück. Meine Nora machte ihre Sache so gut, dass die Stadt Gundelfingen sie symbolisch zur 'Ehrenbürgerin' ernannte. Nachstehend abgebildete Urkunde wurde ihr vom 1. Bürgermeister der Stadt, Herrn Kukla, persönlich überreicht.

Nora von Kraml, Ehrenbürgerin von Gundelfingen, mit Bürgermeister Kukla und mir bei der Verleihung der Ehrenurkunde

Durch die Sorge um das Leben Brunos war 'die Ehrenbürgerin' von Gundelfingen, meine Nora, dort wieder in aller Munde. In Gegenwart der dortigen Presse erhielt ich einen Anruf. Man schlug mir vor, Nora in die Rettung ihres Artgenossen mit einzubeziehen. Bevor ich diesen Gedanken zu Ende gesponnen hatte, war mein Telefon schon heißgelaufen. Ich bekam täglich bis zu 50 Anrufe aus allen Teilen der Bundesrepublik, Österreichs, Italiens und der Schweiz. Immer verbunden mit der Bitte, mich in die Suchaktion bzw. Rettung des Streuners 'Bruno' einzubringen.

In den ersten drei Tagen nach dem Anruf aus Gundelfingen kamen die Fernsehsender noch einzeln zu mir. Nach der ersten Ausstrahlung allerdings war das Interesse an meinen Aussagen zum Thema 'Bruno' so groß, dass an jenem denkwürdigen Tag, dem 21. Juni 2006, zeitweise zwei oder drei Kameras gleichzeitig liefen.

Ich möchte mich an dieser Stelle bei den Sendern für das Interesse an meiner Person bedanken! Die in mich gesetzte Hoffnung, mich in diesen 'jungen Wilden' hineinzuversetzen, um seiner schließlich habhaft zu werden ist eine große Ehre für mich.

Pressemeldungen
über mein Vorhaben, „Bruno" zu retten:

Brunftige Bärendame soll Bruno locken
Fünf finnische Bärenfänger und sechs Hunde suchen bisher vergebens nach Bruno. Jetzt soll die Liebe ihn zur Strecke bringen. Ein Tiertrainer aus Hannover will seine Bärendame zur Verfügung stellen.

Augsburg - Die 13-jährige Nora soll es richten. Tiertrainer Dieter Kraml aus Hannover hat angeboten, Streuner Bruno mit seiner Bärin anzulocken, berichtet die „Augsburger Allgemeine". „Es ist sehr wahrscheinlich, dass der Bär Witterung aufnimmt, wenn Nora in der Nähe ist", sagte Kraml. Er wolle mit ihr im Grenzgebiet zwischen Bayern und Tirol umherstreifen und warten, was passiert.

Das bayerische Umweltministerium will den Vorschlag nach Angaben der Zeitung prüfen. Kramls Bären sind schon in vielen Filmen aufgetreten. Die 220 Kilogramm schwere Nora hat sogar schon mal im Wirtshaus ein Spezi getrunken.

Bruno ist nach seinem Ausflug an den Tegernsee wieder auf Tauchstation gegangen. „Es war eine ruhige Nacht", sagte WWF-Sprecher Jörn Ehlers am Dienstag. Das letzte Mal sei der Braunbär am Montagvormittag von einem Wanderer nahe dem Tegernsee gesichtet worden. Zuvor war er im Raum Wildbad Kreuth aufgetaucht, wo er zwei Schafe gerissen und einen Bienenstock aufgebrochen hatte. Die Experten vermuten, Bruno ist nun in Richtung Tirol unterwegs.

Das Fangteam aus fünf finnischen Experten und sechs Suchhunden - darunter Finnlands bester Bärensuchhund Raiku - hat zwar versucht, Brunos Fährte aufzunehmen, doch seine Spur hat sich laut Ehlers erneut verloren. Nun warteten die Jäger auf neue Sichtungen. Das warme und trockene Wetter mache die Suche für die Spürhunde allerdings schwieriger.

Letzte Chance: Bruno wird Liebhabär
Nun soll die brunftige Bärin Nora helfen, das Raubtier zu fangen

Von Ulli Kulke

Wildbad Kreuth - Manches, was vor kurzem noch in unserer Schublade für Historisches, längst Überwundenes gespeichert war, hat sich unversehens in die Gegenwart geschlichen.

Der Bär im deutschen Wald. Als sei er direkt aus dem Schriftgut der Gebrüder Grimm herbeigetrottet, so steht er plötzlich in unserem so sicher gewähnten Tann auf zwei Beinen und brummt. Deutschland ist, wenngleich scherzend und gerührt, auch ein wenig erschrocken. Bruno heißt er, schließlich ist er ein gemeiner Braunbär und kommt aus Italien. Doch wenn auch in Mittel-, Nord-, Süd-, Ost- und Westeuropa insgesamt wieder 50 000 Bären leben - der erste Ursus arctos nach gut 170 Jahren in deutschen Landen hat es als Pionier zunächst mal schwer.

Seit uns die ersten Nachrichten über ihn Anfang Mai erreichten, beschreitet Bruno einen windungsreichen Weg, sowohl auf der Landkarte als auch in unseren Köpfen. Bei Tösens wird er zuerst gesehen, oben an der Reschenpassstraße in Tirol. Da ist seine Herkunft noch unklar. Knapp 30 Bären laufen ja frei herum in Oberösterreich und der Steiermark, aber sollte er von dort die weite Strecke bis nach Tirol und Vorarlberg gegangen sein? Das wäre ein Novum, denn bislang hatte man die Schneise der Brennerautobahn immer als Grenze dieser östlichen Population angesehen. Über das Montafon und die Arlbergregion trottet Bruno weiter. Bald schon gerät er in Misskredit, reißt oder verletzt Schafe ohne Grund und Appetit, einige der Opfer müssen notgeschlachtet werden. Der Begriff des „Problembären" macht deshalb die Runde, geht aus dem Fachjargon der Wildtiermanager in die Alltagssprache ein und könnte zum Wort des Jahres gekürt werden. So ist die Lage, als Bruno um den 20. Mai zum ersten Mal deutschen Boden betritt. Da ist der Bär schon vorbelastet. Die Menschen wissen inzwischen, was einen Problembären kennzeichnet: Wenn ein Tier die nötige Distanz zum Menschen ablegt, sich zu Siedlungen hintraut und Schäden verursacht. Und die Bayerische Staatsregierung hat ihre laut Verordnung festgelegte Meinung zum Problembären: Er darf, er soll abgeschossen werden. Bei Problembären eigentlich eine Selbstverständlichkeit in allen Bärenländern Europas. Aber Deutschland ist kein Bärenland, und in Deutschland wird anders diskutiert: „Darf der Mensch einen Bären erschießen?" Der Bär: Täter, Opfer oder einfach nur der nette Petz von nebenan? Der Schießbefehl wird erst mal stillschweigend kassiert. „Er galt sowieso immer nur für den Notwehrfall", hieß es nun aus dem Umweltministerium. „Ihn lebend zu fangen hat weiter Priorität." Der Bär ist populär, er ist der Star des Sommers. Der WWF schafft Lebendfallen herbei, Technik aus Amerika. Finnische Elchhunde werden als Begleitmannschaft eingeflogen, die ihn in die Aluminiumröhre hineinjagen sollen. Die Milchfabrik Bärenmarke wird offizieller Hauptsponsor der Bärenhatz. Doch die Sache gestaltet sich schwieriger als erwartet. Gleich am ersten Tag machen erst mal die Hunde schlapp. Zu große Hitze kann man ihnen nicht zumuten. Die Trockenheit läßt die Fährten verdunsten - und währenddessen taucht Bruno überall und nirgends auf. Einem Phantom gleich, das nicht zu fassen ist. Mountainbiker im Rofangebirge, ein Wanderer mit Hund am Ahornboden im Hinterrißtal, ein Jäger bei Thiersee, sie alle sehen Bruno, ein Taxifahrer überholt ihn auf der Straße. Ein anderer Chauffeur hat gar eine Kollision mit ihm nahe beim Sylvenstein-Stausee.

Inzwischen ist seine Herkunft geklärt, er gehört zu den aus Slowenien ins italienische Trentino umgesiedelten Tieren. Vater: Jose, Mutter: Jurka. Er ist der Erstgeborene der beiden, deshalb sein Name „JJ1". Alter: zwei Jahre - und schon ein hoffnungsloser Fall. Da die Mutter und sein Bruder, „JJ2", bereits als Problembären aufgefallen waren, haben die Wildtiermanager wenig Hoffnung auf Resozialisierung. Intensivtäter „JJ1" kehrt, anders als uns alle einschlägige Weisheit bei der Humankriminalität lehrt, nie wieder zum Tatort zurück, das macht ihn unberechenbar. Jetzt soll Erotik den Bären aus dem Wald locken: Tiertrainer Dieter Kraml aus Hannover will nach einem Bericht der „Augsburger Allgemeinen" Bruno mit Hilfe seiner brunftigen Bärin Nora überlisten. Der Bärenexperte will den Streuner mit seinem 13 Jahre alten Tier verführen.

Aus der Berliner Morgenpost vom 21. Juni 2006

Aufgrund des Drucks der Öffentlichkeit bot ich den Bayerischen Behörden endlich meine Hilfe an.

Ich möchte die Gelegenheit zu einer Erläuterung nutzen:

Es ist richtig, dass ich gesagt habe: „Welcher Bär kann einer Bärendame, mit dem Charme meiner Nora, schon widerstehen?" Aber Bruno, der laut Aussagen des Bayerischen Umweltministeriums noch nicht geschlechtsreif wäre, hätte auch ohne das Zitat: - Und ewig lockt das Weib! – Interesse an einer Artgenossin in seinem neuen Revier gefunden.

Hinzu kommt, dass ich noch andere Mittel zur Hand gehabt hätte, den jungen wunderschönen Bären einzufangen. Dies aber wollte ich, wie schon erwähnt, mit den 'bayerischen Spezialisten' persönlich besprechen!

Am 22.06. erteilte Bayern eine allgemeine Abschussgenehmigung, falls die Betäubung des Bären fehlschlüge. Dieser kleine Lümmel mit Riesenappetit, der zum Star für einen Sommer wurde und niemanden bedroht hat, sollte getötet werden. Die Tierschützer und seine Freunde protestierten.

Man erklärte, der Bär stelle eine Bedrohung dar, weil er sich bei der Begegnung mit Bikern aufrecht hingestellt hätte.

Auch diese Unkenntnis der Menschen trug zu einer Fehleinschätzung und Fehleinstufung in ein Schema bei (auf das ich später noch zurückkomme), das zum Abschussbefehl als Basis herangezogen wurde.

Bären sind relativ kurzsichtig. Aus diesem Grunde stellen sie sich automatisch ab und zu hin, um besser sehen zu können, bzw. ihre schlechte Sicht durch Witterung zu kompensieren. Die Bären sind übrigens die einzigen Säugetiere, deren Wirbelsäule ähnlich der menschlichen aufgebaut ist, und sie können dadurch problemlos auf zwei Beinen laufen. Primaten und auch dressierte Hunde gehen immer vornübergebeugt. Selbst der Mensch trägt trotz seiner langen Entwicklungsgeschichte zum 'Aufrechten Gang' häufig Rückenschmerzen davon, wenn er sich lange Zeit nicht ausruhen konnte.

Aber warum musste dieser quirlige „deutsch-österreichische Grenzgänger" auch so unbekümmert in Ortschaften herumlaufen? Wenn auch friedfertig – 'zum Leute erschrecken' reichte es.

Am Samstag reiste das Bärenfangteam mit seinen Hunden unverrichteter Dinge wieder ab nach Finnland. Zum dritten Mal versuchten mein Team und ich, mit Herrn Stoiber bzw. Herrn Schnappauf direkt Kontakt aufzunehmen. Wir schickten ein FAX, wir schrieben per E-Mail, wir versuchten einen Verantwortlichen zu erreichen.

Inhalt unseres Schreibens: „Wir stehen mit 2 Teams, zwei Trucks und zwei Hängern bereit, um den Bruno aufzuspüren und einzufangen." Für Brunos Leben hätten wir unentgeltlich gearbeitet. Man hat uns leider nicht wahrgenommen! Mir war klar, ohne Erlaubnis hätten wir uns strafbar gemacht. Die Gemüter meines Teams waren aufgebracht. Alle wollten los, auch ohne Einladung und Erlaubnis. Es war für mich schwer, beruhigende Worte zu finden.

Um Mitternacht schaute ich zum Sternenhimmel und betrachtete den kleinen und den großen Bären. Ich sagte nur: „So, mein Freund, jetzt bist du dran!"

Aus dem Tagebuch eines Braunbären

- Sonntag, 25.06.2006 -

„Nachdem man mich seit mehr als zwei Wochen gnadenlos durch die Wälder gehetzt hat, bin ich nun in der Nähe einer Hütte am Rotwandgebirge auf Wanderschaft. Die Menschen hier haben solche Freude an mir, dass sie sogar ihre Kameras und Fotoapparate herausholen.

Für über eine halbe Stunde bin ich der Mittelpunkt auf dieser Alm. Niemand kommt auf die Idee, mich zu vergrämen. Ich verbreite anscheinend nur Freude.

Ich glaube, jetzt habe ich das richtige Gebiet gefunden, das mein neues Zuhause werden kann. Hier bleibe ich! Vielleicht treffe ich ja, wenn ich „groß" bin, eine hübsche Bärin und unser Nachwuchs wird hier alle erfreuen. Bevor ich mich ins Rotwandgebirge zur Nachtruhe zurückziehe, bade ich noch kurz im Spitzingsee.

Montag, 26.06.2006, 4.30 Uhr

Was war, das? Dieser Schmerz!! Was machen sie mit mir? Schon wieder!"

„JJ 1", alias Bruno schwinden die Sinne, sein Herz hört auf zu schlagen. Der zweite Schuss, der eines Scharfschützen, hat seinem jungen Leben ein Ende gesetzt.

Lernen aus dem Fall JJ1

Es waren zwei Schüsse, die der Wanderung des „Problembären" JJ1 am 26. Juni 2006 in der Nähe des Spitzingsees in Oberbayern ein Ende bereiteten. Von der US-Spezialfalle bis hin zur Hundestaffel finnischer Bärenjäger – in den Wochen zuvor waren alle Versuche, das Tier lebend zu fangen, gescheitert. Der Abschuss löste eine Welle der Empörung aus, in deren Zentrum Bayerns Umweltminister Werner Schnappauf (CSU) geriet. Doch trotz vieler Anzeigen, darunter auch einer der bayerischen SPD-Fraktion, lehnte die Münchner Staatsanwaltschaft ein Ermittlungsverfahren im Fall des erschossenen Bären ab. Naturschutzverbände und Opposition fordern nun, Bayern solle sich zumindest auf künftige Bärenbesuche besser vorbereiten. Denn dass JJ1 der letzte Bär gewesen sein wird, der Bayern einen Besuch abstattet, glaubt kaum einer unter den Experten.

Wut allein hilft nicht

Hatte man wirklich alles unternommen um den Abschuss dieses wunderschönen und hochintelligenten Tieres zu verhindern? Warum hat man mir und meinem Team keine Chance eingeräumt?

Vor allem stellt sich mir folgende Frage: Warum konnte man am Sonntag, am Tag vor seinem Tod, zu der Hütte im Rotwandgebirge, wo er sich so lange zeigte, dass sogar ein Film gedreht werden konnte, keinen Tierarzt per Handy rufen? Der hätte ihn dort narkotisieren können.

Oder war zu diesem Zeitpunkt schon alles geklärt für den folgenden finalen Schuss? Hatten die drei Jäger bzw. Scharfschützen, um die es sich nach meiner Kenntnis handelte, schon längst eine Hütte bezogen und auf ihn gewartet? Sie brauchten nach seinem Erscheinen laut Befehl nur noch den Finger in den Abzug zu legen und abdrücken.

Aber warum? Einige Antworten werden wir wohl nie bekommen!

Wie kam es zum Abschussbefehl?

War „JJ 1" alias Bruno wirklich der Kategorie „sehr gefährlich" einzustufen und musste deshalb „entfernt" werden?

Diese 'Schlagworte' bzw. professionellen Ausdrücke des unten aufgeführten Schemas des österreichischen Managementplans zum Umgang mit Bären lassen mich nicht mehr los.

Gefahr für Mensch	Dringlichkeit des Eingreifens	Empfohlenes Vorgehen
Nicht gefährlich	-	Keine (Schadensprävention)
Kritisch, verlangt Aufmerksamkeit	Keine Eile	Intensivierung des Monitoring*/Vergrämen
gefährlich	dringend	Intens. Monit.*/Vergrämen
sehr gefährlich	sehr dringend	Intens. Monit.*/Entfernen

*Monitoring bedeutet, dass das Tier mit einem Funksender versehen wird.

Obiges Schema wurde von Experten zum Thema „Problembär" entwickelt und diente als Grundlage für die Abschussentscheidung beim Bären JJ1 im Sommer 2006.

Doch in allen Filmausschnitten, die ich von diesem wunderschönen und äußerst intelligenten Bären gesehen habe, konnte ich keine Drohgebärden erkennen. Munter kletterte er bergauf - bergab und betrachtete nicht besonders interessiert die seinen Weg streifenden Menschen.

Der Abschuss des Braunbären „JJ1", genannt Bruno, räumt nicht zwangsläufig die wirklichen Probleme aus der Welt! Schließlich führt seine Mutter Jurka wieder drei Jungtiere bei sich und ist erneut tragend. Schon jetzt und heute müssen wir überlegen, wie wir mit zukünftigen 'Grenzgängern' umgehen sollen. Soll der nächste Bär wieder erschossen werden?

Über meine täglichen immer wiederkehrenden Bemühungen, dass es meinen Bären an nichts fehlt, kreisen meine Gedanken immer wieder um dieses eine Thema: Die Rückkehr der Bären in ihre natürlichen Lebensräume - in die Alpen.

Bär war zuerst da

„In Italien gab es auch Zwischenfälle mit ‚Bruno', aber diese wurden toleriert", so der italienische Wild-Experte Alberto Stoffella. Erst in Deutschland sei der Bär zum Problem gemacht worden. Wenn man Bären in Mitteleuropa haben will, wird man auch mit ihnen in Kontakt kommen. Davor müsse man keine Angst haben. „Bären haben ein Recht, hier zu leben, sie waren vor uns Menschen da", betont Stoffella.

Besserung?

Nach getaner Arbeit entstehen im Team oft große Diskussionen darüber, was schon heute zu tun ist, damit sich eine Entscheidung von Seiten der Behörden zum Abschussbefehl, wie im Fall Bruno, nicht wiederholt.

Es war im Sommer 2006 einfach niemand auf die Rückkehr eines Braunbären nach über 170 Jahren in Bayern vorbereitet. Aus welchem Grund auch immer es in dieser Zeit zu keiner direkten Kommunikation zwischen dem WWF, den bayerischen Behörden und mir kam - im Herbst 2006 hat sich das Blatt zum Glück gewendet.

Ich wurde zu einem Seminar an der Fachhochschule Göttingen, unter der Schirmherrschaft unseres Umweltministers Siegmar Gabriel, zum Thema 'Bären und Menschen in der Alpenregion' eingeladen. Hier konnte ich mich mit vielen Experten austauschen.

Gut, Bruno können meine Erkenntnisse nicht wieder zum Leben erwecken, aber vielleicht kann ich bzw. können meine Kenntnisse und Erkenntnisse dazu beitragen, dass so etwas wie mit ihm nicht wieder geschieht.

Doch wie soll unser Verhältnis zum Bären in Zukunft aussehen?

Nach der archaischen Stufe der Ausrottung durch immer bessere Waffen, der Stufe der Wiederansiedlung in Gebieten des Alpenraums, Anlegen von Nationalparks etc. müssen wir uns nun langsam entscheiden, ob wir die daraus zwangläufig resultierende Rückkehr der Bären in die Alpenländer möchten oder nicht. Denn die Bären halten sich nicht an politische Grenzen.

Mit Bären leben lernen

Diese traurige Geschichte um den Braunbären „Bruno" hat uns gelehrt, wie dringend wir unser Verhältnis zu Bären ordnen müssen. Dies bedeutet unter anderem, Wissen aufzubauen und zu verbreiten.

Wie schon erwähnt, müsste meines Erachtens ein Managementplan für den Umgang mit Wildtieren auch für Deutschland ausgearbeitet werden. Aber wie müsste er aussehen? Und welche Kriterien müssten berücksichtigt werden? Bei allen Schwerpunkten, die es zu beleuchten gilt, steht eine Bedingung im Vordergrund: Die Akzeptanz der ansässigen Bevölkerung. –Ohne sie geht nichts!

In der Geschichte gibt es genug Beispiele dafür. Die 'alten Germanen' liebten und fürchteten den Bären zugleich. Sie hofften darauf, dass durch den Verzehr des Fleisches die Kräfte des Bären auf sie übergingen. Im Mittelalter wurde er dämonisiert und verfolgt. Gegen Ende des Mittelalters zollte man ihm Respekt und hielt ihn oft zur Verteidigung im so genannten „Bärengraben". Nach seiner gänzlichen Ausrottung in Deutschland im Jahre 1835 tauchte er nur noch im 'Blätterwald' der Märchen und Sagen wieder auf. Im 19. Jhdt., nachdem es in Deutschland keinen 'realen Bären' mehr gab, wandelte er sich vom Feind zum Freund. Man nannte ihn aber meist nicht 'Bär' sondern sprach eher vom 'Braunen' oder 'Meister Petz'. Es herrschte ein weit verbreiteter Aberglaube, der sich in dem folgenden Satz niederschlägt: „Wenn man den Bären nennt, kommt er gerennt!" Selbst in Russland, wo noch viele Bären zu Hause sind, hält man sich an dieses 'stille Abkommen' mit ihm und nennt ihn „Medved", was süßes Honigschwein bedeutet! Man spricht aber niemals direkt von ihm – als Bär!

Wenn man einen Bären in freier Wildbahn beobachtet, strahlt er, wie sein kleiner Bruder, der „Teddybär", Ruhe und Gelassenheit aus. Diesen Attributen kann man gerade heute in unserer oft hektischen Zeit viel Bedeutung beimessen. So assoziiert mancher Zeitgenosse den Anblick eines „echten Bären" mit seinem Teddybären aus der Kindheit, der als Sympathieträger in kaum einem Haushalt fehlte. Er war warm, weich und kuschelig. Ihm konnte man alle Sorgen anvertrauen. Daher kommt wohl auch der Wunsch vieler meiner Gäste, dass sie unbedingt einmal einen „echten Bären" streicheln möchten. Nur leider sind die „Echten" keine Knuddeltiere und bleiben trotz all ihrer Liebenswürdigkeit Raubtiere, die man manchmal lieber in Ruhe läßt.

Wie sieht das Zusammenleben von Mensch und Bär aus in unseren Nachbarländern? Am besten hat mir das Konzept der Schweiz gefallen. Ich habe mich dort einmal umgesehen und umgehört!

Vom Umgang mit Bären in der Schweiz

„Der Nächste kommt bestimmt"

1904 ist der letzte Bär der Schweiz erschossen worden. Sechzig Jahre nach seiner Ausrottung wurde er 1962 unter Schutz gestellt. Im Trentino im benachbarten Italien hatte eine kleine Bärenpopulation mit wenigen Individuen überlebt. Da mehrere Jahre keine Reproduktion mehr festgestellt werden konnte, wurden im Nationalpark Adamello-Brenta zwischen 1999 und 2002 zehn Bären aus Slowenien freigelassen. Seither gab es dort mehrmals Nachwuchs.

Von dort kehrte im Juli 2005 nach 101 Jahren ein neugieriges junges Männchen aus dem Trentino über Südtirol in die Schweiz zurück, Brunos Bruder, genannt JJ2. Doch obwohl die unbewachten Ställe und Weiden ebenso seinen Appetit anlockten wie die Tiere im Wald, wurde er noch lange nicht als verhaltensgestört eingestuft wie sein Bruder Bruno, für dessen unbekümmertes Auftreten die für seinen Abschuss Verantwortlichen kein Verständnis aufbringen konnten. Gleich nach dem ersten Auftauchen des „JJ2" im dortigen „Münstertal" im Jahr 2005 hat der Schweizer WWF in Zusammenarbeit mit den Jägern Informationsveranstaltungen für die heimische Bevölkerung und Touristen durchgeführt.

Zwischenzeitlich hat man in der Schweiz ziemlich zeitnah einen Entwurf für ein Konzept erstellt, das den Umgang mit Bären regelt.

JJ 2 wurde im Jahr 2005 im Dreiländereck zwischen Österreich, Italien und der Schweiz zum Medienereignis! Im Jahr 2006 sah man ihn seltener. Im Moment herrscht Ruhe. Winterruhe! Die Schweizer Bürger hoffen jedoch, dass er sich in eine Höhle verkrochen hat und von Bienenstöcken und anderen Gaumenfreuden träumt! Heute leben im italienischen Trentino-Nationalpark ca. 25 Bären in freier Wildbahn. Die Entfernung zwischen dem Trentino und der Schweizer Grenze ist recht kurz und für einen Bären in wenigen Nächten zu schaffen. Man rechnet damit, dass sich einige dieser Tiere – vor allem die männlichen - einen neuen Siedlungsraum suchen werden.

Wie ich während des oben angesprochenen Seminars in Göttingen erfuhr, hat eine Untersuchung des WWF Schweiz ergeben, dass durchaus noch günstige Lebensräume für Meister Petz existieren. Dank der intakten Natur bietet sich das oben schon erwähnte Dreiländereck, in der Schweiz das „Münstertal" an. Da der Bär hauptsächlich pflanzliche Nahrung zu sich nimmt, ist für ihn der Tisch in der Schweiz schon gedeckt.

**„Mangagementkonzept Braunbär" in der Schweiz
der Arbeitsgruppe Grossraubtiere in Zusammenarbeit mit BAFU**
(Bundesamt für Umwelt)

Man war sich einig, dass man ein Konzept benötigt, das allen Interessengruppen gerecht wird. Es ist bereits seit Juli dieses Jahres (2006) in Kraft getreten.

- Welche Interessengruppen wurden dabei berücksichtigt?
  An erster Stelle sind die professionellen Schaf- und Ziegenzüchter zu nennen. Aber auch die Hobbyzüchter wollte man nicht außen vor lassen. Des weiteren mussten unbedingt die Interessen der Jägerschaft berücksichtigt werden. Und natürlich die Bevölkerung, wobei man diese noch einmal unterscheiden muss zwischen 'Städtern', die also relativ weit weg wohnen vom Geschehen und Landbewohnern. Selbstverstänlich schenkte man auch den Tierschützern und den „Grünen" Gehör!
- Auf welchen Säulen sollte das Konzept basieren?
  Es sollte sich immer auf zwei Säulen stützen: einmal die emotionale Ebene mit in Betracht ziehen (Der Bär ist mit großer Symbolik verbunden) und zum andern die sachliche, das heißt das Bärenmanagement betreffend unter Einbeziehung aller Interessengruppen.
- Das Konzept will folgende Ziele erreichen:
  Schaffung von Voraussetzungen, damit natürlich zuwandernde Bären in der Schweiz leben un d sich als Teil einer Alpenpopulation reproduzieren können. Eventuelle Konflikte und Kosten sind aber im Rahmen zu halten.
- Das Konzept beinhaltet die folgenden Maßnahmen:
  - Präventionsmaßnahmen:

1. Aufklärung

Dazu gehört die Aufklärung der Bevölkerung und der Touristen über die Biologie und das Verhalten des Bären sowie entsprechende Vorsichtsmassnahmen in Form von

- Vorträgen/Veranstaltungen
- Broschüren u.ä.

  Wie zum Beispiel der des WWF, Ausgabe 03/06. Darin erläutert „Bärenfachfrau" Joanna Schönenberger:

Was geschieht in der Schweiz, wenn ein Bär trotz aller Schutzmaßnahmen einen Menschen angreift? Dies hätte auch in der Schweiz den Abschuss zur Folge. Doch so weit sollte es in der Regel nicht kommen.

„Es gibt verschiedene Maßnahmen, sich vor Bären zu schützen."

Bären sind scheu und gehen dem Menschen aus dem Weg, denn ihr ausgezeichneter Geruchs- und Gehörsinn warnt sie rechtzeitig. Bären ziehen sich in der Regel dann zurück. Daher ist die Wahrscheinlichkeit gering, einem Bären in freier Wildbahn zu begegnen. Trotzdem ist Vorsicht geboten bei Wanderungen in Bärengebieten, gerade wenn die Bärin Junge bei sich führt.

Folgende Ratschläge sollten Wanderer berücksichtigen:
- Schleichen Sie nicht durch die Gegend, sondern machen Sie sich regelmäßig bemerkbar durch Sprechen, Pfeifen u.ä. Ein Bär zieht sich zurück, wenn er Sie hört.

Wer trotzdem einem Bären begegnet, sollte Ruhe bewahren:
- Machen Sie auf sich aufmerksam, aber gehen Sie ihm aus dem Weg.
- Auf keinen Fall sollten Sie wegrennen: Über kurze Strecken können Bären Geschwindigkeiten bis zu 60 km/h erreichen. Zudem sind Bären gewandte Kletterer und gute Schwimmer!

- Wenn ein Bär sich aufrichtet, ist das keine Drohgebärde, wie häufig behauptet wird. Er verschafft sich so einen besseren Überblick und hält die Nase in den Wind, um Witterung aufzunehmen.

Als sehr gutes Beispiel bietet sich die Broschüre vom WWF „Wichtige Tipps für Wanderer und Biker" an.

2. Vergrämen des Bären durch mobile Eingreiftrupps:

Gleich beim ersten Auftauchen in menschlichen Siedlungen bzw. in der Nähe von Obstplantagen, Bienenhäusern oder Herden mit Gummigeschossen arbeiten!

Eine Expertengruppe aus Spezialisten ist vorzuhalten, wenn ein Bär sich nicht vergrämen lässt. Fragen der Örtlichkeit für die spätere Unterbringung sind schon jetzt abzuklären.

Wohin soll der betäubte, gefangene Bär gebracht werden? Welcher Park, welches Gehege oder Land nimmt ihn auf?

3. Schutz von Herden und Bienenhäusern durch:
- Umzäunungen (mittels Strom)
- Weiterbildung der Hirten
- Schutzhunde

Versicherung vorhalten, die für alle trotz Prävention auftretenden Schäden eintritt.

Die ökologischen Rahmenbedingungen für die Rückkehr der Bären in die Schweiz sind somit gegeben. Da der Bär hier große Sympathie genießt, stehen seine Chancen für eine Rückkehr gut. Eine fachliche Begleitung durch den WWF wirkt sich positiv auf die bestehende Akzeptanz in der Bevölkerung aus. Diese Einstellung macht sich sogar im Tourismus günstig bemerkbar.

Nur wenige Länder sind bereit, mit Bären zu koexistieren, wie die Schweiz. Die Folge ist, wie beim 'bayerischen Bären', dass diese Tiere in der Nähe von Menschen häufig schon als 'problematische Bären' bezeichnet werden, noch ehe es überhaupt zu Zwischenfällen kommt!

Künftig zuwandernde Bären sind in der Schweiz willkommen – man ist vorbereitet. Eine Wiederansiedlung ist nicht geplant! In Österreich leben heute ca. 25 Braunbären, in Italien ungefähr 25. Mit 450 Tieren hat Slowenien als einziges Alpenland einen gesunden Bestand.

Können die Bären nach Deutschland zurückkehren?

Meine persönliche Meinung ist, dass Deutschland viel zu eng besiedelt ist, als dass den Bären konfliktlos eine Koexistenz möglich wäre. Wenn überhaupt an eine Wiederansiedlung gedacht wird, so käme aus meiner Sicht nur die Region des südlichen Oberbayern im Verbund mit den Tiroler Alpen oder die Region Bayerischer Wald im Verbund mit dem Böhmerwald in Tschechien in Frage. Eine gute Hilfe wären die so genannten „Bärenanwälte". Diese treten als Vermittler zwischen Bären und den Sorgen der Bevölkerung auf und helfen auch bei der Klärung von Schadenfällen.

Einfach wird das Miteinander von Mensch und Bär in den Ländern der Alpen auch künftig nicht sein. Besonders die Bärin Jurka (Brunos Mutter) mit ihren 3 Jungen bereitet langsam Kopfzerbrechen. Nachdem sie sich mit ihnen im Januar 2007 sogar auf italienischen Skipisten gezeigt hat und von unzähligen Touristen fotografiert wurde, überlegt man dort, ob es nicht besser wäre, sie in einem Gehege einzusperren. Gerüchte, dass Jurka abgeschossen werden soll, stimmen nicht. Auch Bayern will bei künftigen „Grenzgängern" einen Abschuss vermeiden. Bereitet der der tote Bruno den Behörden doch noch genug Probleme!

Doch „Bärenmanagement" bedeutet mehr, als mit einem weißen Knäuel mit schwarzen Augen, wie den kleinen Berliner Eisbär „Knut", auf die Probleme dieser großen Säugetiere aufmerksam zu machen.

Man muss Jurkas Junge so schnell wie möglich mit Sendern ausstatten, um ihren Aufenthalt kurzfristig zu bestimmen. Die Jungtiere müssen mit Gummigeschossen vergrämt werden, bevor sie in Siedlungen eindringen, an Bienenstöcken naschen und sich an Schafställen/ –weiden zu schaffen machen. Jurkas Verhalten selbst kann man wohl kaum noch verändern. Aber bei den Jungen müsste es möglich sein, sie umzuerziehen.

Die nun zwei Jahre alten Brüder Brunos dürften sich in Kürze von der Mutter lösen und auf Wanderschaft gehen. Während das weibliche Jungtier wohl eher in der Region verbleibt, könnten die beiden männlichen Jungtiere innerhalb von drei Wochen Deutschland erreicht haben, ähnlich frech wie Bruno! Wir wollen hoffen, dass der Freistaat Bayern dieses Mal besser gerüstet ist.

Wie viele Bären es eines Tages in den Alpen geben wird, ist eine Frage der Akzeptanz. Dabei geht es nicht nur um den Platz in der Natur, sondern um den Platz in unseren Köpfen! Organisatorische Vorkehrungen für den Umgang mit wild lebenden Braunbären wären schon jetzt zu treffen, bzw. eine Wildtiernotrufnummer oder Hotline einzurichten, wo Fragen zum Umgang mit Braunbären beantwortet werden. Zwischenzeitlich hat man in Bayern damit begonnen, einen Managementplan für Bären zu erstellen. Die erste Stufe ist bereits fertig gestellt.

Doch kommen wir zu den neuesten Geschichten vom Bärenhof zurück:

Wir schreiben das Jahr 2007. Es ist Frühling. Draußen blühen die Kirschbäume und die Augen meiner Bären strahlen mit der Sonne um die Wette. Ja, es ist recht heiß für diese Jahreszeit. Die Bären sind schon sehr rege. Die dachte: Die Brunft wird darum wohl etwas eher einsetzen als sonst üblich im Mai/Juni. Ich merke es an meinen Bärinnen, die beim Anblick von Max und seinem Freund Zeus eindeutige Signale von sich geben, wenn die zwei an ihnen vorbei schreiten. Am liebsten würden sie die beiden gleich vernaschen. – Aber: 9 Bären sind genug!

Beni vom Disney-Channel, stellvertretend für zahllose Kinder, beim Bären-Bummel. Die regelmäßige Begegnung mit nicht vertrauten Menschen ist ein wichtiges Training für meine Tiere.

Während ich noch so meinen Gedanken nachhänge, bekomme ich eine E-Mail aus München. Ein Regisseur und ein Produzent von Sat.1 möchten mich besuchen. Sie wollen einen Film mit und über die beiden „Stars des letzten Sommers" drehen, die die Seiten im Blätterwald der Presse gefüllt hätten.

Die beiden Stars des letzten Sommers? Da lief zum einen das schon erwähnte „Sommermärchen" der Fußball-WM, das ganzseitig den Lesern präsentiert wurde. Und die Geschichten um den cleveren Bären „Bruno".

Er war schon der Hauptdarsteller im Sommerloch. Aber, da ich mich nicht mit der bunten Presse befasse, – erstens habe ich keine Zeit dazu und zweitens interessiert es mich nicht, mit welchen hausgemachten Problemen Stars sich herumschleppen (ich hab an meinem eigenen Wasser genug zu tragen), kam ich partout nicht auf den zweiten Star. Also wäre ich ohne einen Tipp auch nicht darauf gekommen.

Erst als man mir den Titel des angedachten Projektes nannte, dämmerte es ganz leicht bei mir. „Der Bulle und der Bär"! Na, da konnte es sich ja nur um Ottfried Fischer handeln, der auf den Spuren Brunos wandeln sollte! Richtig!

Eine Woche später bekam ich Besuch aus München. Der Regisseur sagte mir, sie hätten vorher schon sehr genau über mich und meine Tiere recherchiert. Und das, was sie erfahren hätten, würde sich nun bei mir zu Haus bestätigen. Sie erlebten den liebevollen Umgang zu meinen Tieren, die es auch gewohnt sind, mit anderen „Zweibeinern" gut auszukommen.

Behutsam führe ich immer mal wieder, über meine beiden Assistentinnen hinaus, einige ausgewählte Menschen an die Bären heran. Schließlich müssen meine Tiere es gewohnt sein, auch andere Menschen zu akzeptieren, damit am Set mit den Darstellern kein Malheur passiert.

Nachdem klar war, dass nur ein „Kramlbär" für die vorgesehene Rolle in Frage kam, musste noch ein „Casting" durchlaufen werden. Dabei sollte sich die Frage klären, welches von meinen Tieren sich wohl am besten eignen würde.

Die Wahl fiel auf meine kleine Freundin „Hera", die Schwester von Zeus, die ein echtes Schmusepaket ist und zuhause am liebsten den ganzen Tag hinter mir her läuft. Ein für alle Beteiligten zufriedener Tag ging zu Ende.

Auch der Ort und der Termin der Drehaufnahmen wurde schon festgelegt: „Treffpunkt Bad Tölz am 12. Juni 2007!"

Zum Inhalt kurz Folgendes:

Es ist eine Geschichte, die Ottfried Fischer wie auf den Leib geschrieben wurde: Benno Berghammer auf der Pirsch nach einem Bären in den Alpen, der ein Mörder sein soll. Benno und seine Kollegin Nadine (Katharina Abt) dagegen wollen die Unschuld des Bären beweisen und den wahren Mörder finden. Schließlich hatte das Opfer nicht nur Freunde!

Zitat Ottfried Fischer, laut „Tz" auf die Frage hin, ob darin das Drama von Bär „Bruno" verfilmt werden soll: „Es ist die Geschichte von 'Bruno 2' Ein Bär steht unter Mordverdacht. Im Gegensatz zu Brunos Schicksal gibt es hier aber ein Happy-End: Beim 'Bullen' wird der Bär selbstverständlich nicht getötet." Er hat sich bereits darauf eingestellt, dass der „süße Zottel" aus Alfeld ihn an die Wand gespielt hat. Sein Kommentar: „In dieser Folge spiele ich nicht die erste Geige!"

Gedreht wurde aber nur ganz kurz in Bad Tölz, dann ging es auf ins Hochgebirge. Und tatsächlich hat man als Drehort die Original-Aufenthaltsorte des 'Grenzgängers' Bruno ausgewählt. Also entstanden die Aufnahmen in Bayern und in Österreich. Sogar ein Indianer wurde engagiert, um die Spuren von 'Bruno 2' aufzunehmen.

Ich denke, dank meiner Hera, die auf ihre lustige, tolle Art gearbeitet hat wie 'ein junger Gott' und alle am Set Anwesenden begeistert hat, und die Leistungen der Schauspieler vor dem herrlichen Hintergrund des Karwendelgebirges, wird diese Folge wohl alle Zuschauerquoten sprengen, wenn sie im Herbst/Winter 2007 gesendet wird.

Mein soziales Engagement als Tierlehrer:

Neben dem Einsatz für die in den Alpen lebenden 'Bärenbrüder' meiner braunen Riesen, und unserem gemeinsamen Broterwerb in Form von Filmaufnahmen, liegen mir Menschen, die oft im Abseits stehen, sehr am Herzen. Ich glaube, dass ihnen die Gegenwart und die Beobachtung meiner Tiere dabei helfen können, den oft grauen Alltag etwas aufzuhellen bzw. Krankheit oder Leid für einen Moment zu vergessen.

So habe ich seit einigen Jahren meine Türen und mein Herz für sie geöffnet und kümmere mich in liebevoller, motivierter Weise um gestrauchelte Jugendliche, Langzeitkranke usw., wie nachstehend näher beschrieben.

Das Schlüsselerlebnis zur Vereinsgründung

Es standen immer wieder Gäste, auch mit einer körperlichen oder seelischen Beeinträchtigung, vor meinen Toren, so dass ich, bedingt durch ein Schlüsselerlebnis, besagte Tore für die öffnete.

Nachdem meine Bären und ich das erste Mal Kinder mit einer körperlichen Behinderung zu Gast hatten, bekam jeder vor der Heimfahrt ein Beutelchen Gummibären von mir geschenkt. Ein kleiner Junge in seinem Rollstuhl sagte zu mir: "Kannst Du mir die Tüte bitte öffnen, ich kann das mit meinen Händen nicht!" Erst da sah ich, dass sie völlig deformiert waren. Der Junge bedankte sich artig und versprach, bald wieder zu kommen.

Ich unterdrückte meine mitleidsvollen Gefühle, indem ich sie, wie im Leben schon so oft, durch einen 'flotten Spruch' zu verstecken versuchte. Aber dieses Erlebnis ging mir nicht mehr aus dem Sinn.

Bärenwelten in uns – kurz BIU – was ist das?

Angesprochen von vielen Bewohnern Alfelds und Umgebung auf meine Besucher, entstand gemeinsam die Idee einen gemeinnützigen Verein zu gründen, um Menschen, die es brauchen könnten, ein wenig Lebensfreude bzw. Hilfe anzubieten. Blieb nur noch die Frage des Namens offen. Hierbei standen folgende Gedanken im Vordergrund: Wer hatte nicht in seiner Kindheit einen Teddybären, der ihn durch alle Höhen und Tiefen seines jungen Lebens begleitete? Ihm konnte man alle Sorgen anvertrauen.

Der Bär als Symbol für Begleitung und Trost durch Licht und Schatten des Lebens. Versuchten nicht viele Menschen, ein Stückchen „heile Welt" aus der Kindheit in die raue Welt der „Erwachsenen" im täglichen Lebenskampf ums „Überleben" hinüber zu retten?

"Bärenwelten in uns" – ein Stückchen Kindheit, die geblieben ist. Ein Quäntchen Mut und Tapferkeit zu bewahren – einem Bären gleich !

Das ist es, was der Vereinsname aussagen soll. Trost und Stärke sollte die sich um den Verein rankende Arbeit vermitteln!

Bärenwelten in uns

Der Vereinsname war geboren!

Langzeitkranke

Immer wieder stelle ich mir die Frage, warum diese Menschen so gern zu mir und den Tieren kommen. Ist es nur die Begeisterung für meine großen, mächtigen Tiere? Oder ist es doch mehr? Ich denke, so wie sie individuell sind mit ihrem Handicap, fühlen sie sich durch mich ernst- und angenommen.

Wenn zusätzlich die Bären in einer von mir extra für solche Anlässe hergerichteten Halle ihre Runden drehen und jeder Bär sich auf seine eigene Art vor den Zuschauern präsentiert, und ich mit Witz, Spannung und Frohsinn durch die Veranstaltung führe, erfahre ich jedes Mal eine positive Rückmeldung durch ihre Betreuer/Wohngruppenleiter.

Allein das Wort Bär löst bei vielen Menschen positive Stimmungs- und Gefühlsreaktionen aus. Er repräsentiert Leben, Aktivität und Freude – ganz das Gegenteil von Krankheit, Depression und Isolation.

Besonders Langzeitkranke, die häufig kontaktarm und zurückgezogen leben und darüber hinaus oft schwer zu erreichen sind, können ergänzend zur medizinisch-physiologischen Therapie in Gegenwart dieser Tiere psychisch aufgebaut werden. Im Gegensatz zum Mitmenschen senden Tiere selten ablehnenden Signale aus. Somit fühlt sich auch der behinderte Mensch unvoreingenommen akzeptiert.

Wenn Gäste im Haus sind, verspürt man bei den Bären ihren siebten Sinn. Nach einigen gemächlichen Begrüßungsrunden vor ihren Besuchern schauen sie sich jeden einzelnen ganz genau an und überlegen, womit sie sie in ihren Bann ziehen können. Zwischendurch gibt es, wie könnte es anders sein, ihre Lieblingsleckerli - Gummibären.

Der Bär verfügt nur über eine begrenzte Auswahl an Ausdrucksmöglichkeiten. Doch gerade an diesem überschaubaren Repertoire liegt es wohl, dass die Bären durch ihre einfache Art der Kommunikation diese Gäste besser 'erreichen'. Im Gegensatz zum Menschen, der durch seine große Anzahl von verbalen und nonverbalen Signalen gerade für psychisch Kranke oft unergründlich erscheint.

Die Gegenwart der Bären bedeutet also für diese Menschen

- Verlässlichkeit
- Überschaubarkeit
- Aufforderung zur Aufmerksamkeit

Mascha und Dimka betrachten eingehend ihre Gäste …

… und zeigen ihnen, mit welchem Feingefühl und wie geübt ein 5-Zentner-Koloss Traube für Traube mit Genuss verzehren kann.

Zwischen Anstoß und Reaktion vergeht beim Tier keine lange Zeit. Hier besteht eine engere Koppelung als beim Menschen. Menschen verstellen sich oft. Die Reaktionen kommen nicht spontan, sondern es liegt viel Zeit dazwischen. Tiere dagegen antworten schnell, direkt und unumwunden.

Senioren

Auch diesen Besuchern versuche ich, nach ihrem oft arbeitsreichen Leben einen Nachmittag lang Freude zu bereiten. Wenn sich jeder Bär auf seine ihm eigene Art präsentiert, ist von Langeweile oder gar Einsamkeit nichts mehr zu spüren. Es wurde sogar bewiesen, dass Tiere als 'Co-Therapeuten' besonders auf ältere Menschen eine physiologische Wirkung haben. Sie können blutdrucksenkend, Muskel entspannend und antidepressiv wirken. Hinzu kommt, dass die Gegenwart der Tiere biochemische Vorgänge im Körper auslöst. Es werden Endorphine (körpereigene Hormone, die Glücksgefühle hervorrufen und auch schmerzstillend wirken) ausgeschüttet. Es kommt zur Reduktion von Angst, Aufhebung der Einsamkeit und Isolation.

Besonders Demenzkranke, auch vom Typ Alzheimer, die oft introvertiert sind und recht zurückgezogen leben, kommen beim Anblick der 'zotteligen Riesen' aus sich heraus. Wenn sie sich auch oft nicht mehr verbal äußern können, so kann man doch beobachten, wie ihre Augen glänzen. Gerade bei diesen Gästen dienen meine Tiere oft als 'Türöffner'. Dies ist nicht verwunderlich. Da die meisten von ihnen in frühester Jugend wohl einen Teddybären besaßen, assoziieren sie mit Hilfe der Bären eine Zeit, als ihre Welt noch behütet und in Ordnung war.

Die Betreuung und Therapie von Demenz-/Alzheimer Kranken erfolgt oft nach der Methode von Naomi Feil. Sie ist Amerikanerin deutscher Abstammung und gewann große Einblicke in die oft unmenschliche Behandlung dieser kranken Senioren. Sie kam im Laufe ihrer Forschungsarbeit zu der Erkenntnis, dass man nur durch Aufgreifen eines Teils der Vergangenheit der Patienten, diese Menschen ein Stück weit in die Gegenwart zurückbringen kann. Und die Gegenwart von Tieren, besonders Bären, erinnert sie vielleicht an ihren „Teddy" aus der Kindheit. Das wirkt sich als positiver Verstärker aus. Dies kann ich durch die zahlreichen Beobachtungen solcher Gäste anlässlich ihrer Besuche bei mir und den Bären nur bestätigen.

Meine aufmunternde, freundliche Art sichert mir ihre Zuneigung der Kranken. Offenbar verstehe ich es, sie auf besondere Art und Weise dem oft 'grauen' Alltag zu entreißen. Ich denke dann immer an „Konfutius"[8], der sagte: „Einmal am Tag lächeln verlängert das Leben um einen Tag." Es ist also kein Wunder, wenn man mir zuträgt, dass viele dieser Gäste mein Abschiedsgeschenk in Form eines Teddys nach solchen Veranstaltungen noch lange voller Stolz auf ihrem 'Rolli' spazieren fahren.

So viel Spaß hatten wir lange nicht

---
8 Konfutius: chinesischer Philosoph

Resozialisierung von Jugendlichen

Woher das eigentlich kommt, dass ich mich so gut mit Jugendlichen verstehe, weiß ich selbst nicht genau. Vielleicht weil ich auch ein 'Junge von der Straße' war und daher Verständnis für sie habe. Das ist sicher das A und O der Beziehung. Ich bin kein studierter Sozialpädagoge und arbeite aus Bauch und Kopf heraus. Da gibt es kein aufgesetztes Verhalten; ich bringe mich ein, wie ich bin, arbeite wie sie und versuche, ihnen etwas beizubringen. Der jahrzehntelange Umgang mit meinen Bären hat mich einfühlsam und geduldig werden lassen. Im schnörkellosen Miteinander hat sich ein Muster heraus gebildet, an dem wir, die Jugendlichen und ich, uns eher unbewusst orientieren. Klare Chancen, Pflichten und Grenzen sind für jeden Menschen wichtig, umso mehr für aus der Bahn gekommene Jugendliche.

Nehmen wir ein Beispiel: Mit Eifer geht der 15-jährige Eicke ans 'gemeinnützige Werk' auf dem Bärenhof. Er liebt Tiere, die er zu Dutzenden bei seinen Eltern und im Heim hält. 'Verknackt' zu gemeinnütziger Sozialarbeit wurde er vom Gericht wegen Autodiebstahls und Körperverletzung. Nach einem 'schweren Jungen' sieht er gar nicht aus. Er mag die Arbeit mit den Bären und den Hunden, vor allem das Füttern und Streicheln der Hunde – woran man unschwer erkennen kann, dass er sich selbst danach sehnt. „Die Tiere führen", sagt er, „ein einfaches und gutes Leben", um das er sie beneidet. Mir scheint, er hat etwas verstanden. Einen Schulabschluss hat er nicht, will aber im Herbst auf eine Berufsschule für Holzbau gehen.

Wenn er und die anderen morgens kommen, werden sie schon von Odin und Sarah begrüßt. Auch das tut gut, vor allem wenn man zuhause keine Ansprache hat, was gar nicht so selten ist. Hier fühlen sie sich zugehörig und gebraucht, ihre Augen strahlen mitunter, und sorgfältig erledigen sie ihre Aufgaben. Liebevoll bestellen sie das ihnen überlassene Beet und betreuen es noch über ihre Pflichtstunden hinaus. Die Natur, meine ich, Tiere und Pflanzen geben gern und reichlich

zurück, was sie empfangen. Sie verhält sich erkenn- und berechenbar. Das hilft den Jugendlichen, sich zu orientieren. Die Menschen sind oft viel karger und unkalkulierbarer. Ein Kind, denke ich, kommt mit offenen Augen und Armen auf die Welt. Wie häufig aber wird es in seiner Neugier und Liebesbedürftigkeit zurückgestoßen. In einer Gesellschaft, wo Konsum und mediale Zerstreuung überhand zu nehmen drohen, ist für derlei immer weniger Platz.

Die oft rebellischen Gemüter kommen bei der Arbeit in und mit der Natur zur Ruhe vor dem fordernden, oft überlauten und schrillen Getue dieser Welt.

Arbeit in freier Natur auf dem Gelände des Vereins „Bärenwelten"

Die Arbeit dort draußen befriedigt mehr als der x-te Konsumartikel, zumal wenn er mangelnde Fürsorge und Liebe ersetzen soll. Wie viele sind darauf fixiert und hören und sehen in ihrem Stress nicht, was doch nahe liegt, nämlich die besänftigende Wirkung davon, sich in den natürlichen Rhythmus einzufügen, zumindest ab und zu. Die Natur und ihre Geschöpfe verlangen und schenken, bangen und danken unmissverständlich. Wenn man Pflanzen nicht gießt, vertrocknen sie; wenn man Bären unzureichend oder falsch füttert, werden sie gereizt. Umgekehrt zeigen sie sich unumwunden erkenntlich, wenn man ihnen Gutes tut. Sie knurren dann behaglich. Das ist eine Art Dank, den die Jugendlichen selbst oft weder geben noch empfangen. Wenn ich ihnen dann noch zeige, dass ich ihre Arbeit schätze und sie einen Blumenstrauß für die Mutter nach Hause mitnehmen dürfen, dann fühlen sie sich gleich mehrfach belohnt.

Beim Vorbereiten der Abendmahlzeit für die Bären

In gewisser Weise sind meine Bären tierische Therapeuten, die ungefragt auf ihre Weise wirken, schon indem sie in gleichmäßigem Rhythmus leben. Ihre eigenen Jungen führen sie spielerisch in die zukünftige Lebenswelt ein. Nicht umsonst ist ihre Mutterliebe sprichwörtlich. Auch 'sich auf die Bärenhaut legen' drückt behagliches Geborgensein aus. Fast bin ich versucht zu sagen, dass die Jugendlichen ebenfalls im Umgang mit den Bären, im Probehandeln, ein solches Milieulernen erfahren. In einer geschützten Sphäre entwickeln sie die Sprache geordneter und befriedigender Gemeinsamkeit. Vielleicht ist es nur ein Hauch, jedoch möglicherweise ein wichtiger, sie positiv auf ihren Lebensweg voran zu bringen. Wem gegeben wird, der kann auch geben, wer in seinem Recht und Tun anerkannt ist, kann auch andere anerkennen. Auf einmal kommen unsere Jugendlichen sogar dazu, ihre eigenen Bedürfnisse zugunsten der Tiere zurückzustellen.

Nein, ich mach mir keine Illusionen. Die Aufgabe ist riesig. So viele schmerzliche Familiengeschichten bekomme ich zu hören. Was bleibt einem allein erziehenden Elterteil nach der Arbeit noch an Zeit für das Kind oder gar die Kinder? Manche schaffen es, den noch oberflächlichen Faden zu ihnen zu halten, andere sind so mit dem Alltag und sich selbst beschäftigt, dass nur noch flüchtige Kontakte stattfinden. Wie sehr den Jugendlichen feste und freundliche Rituale fehlen, merke ich daran, dass ihnen unser gemeinsames Frühstück sehr wichtig ist. Sie möchten dabei sein, dazugehören und vielleicht ihr Herz ausschütten – oft finden sie zuhause dafür keine Gelegenheit. Bei mir bereiten sie im Team auch ab und zu das Mittagessen zu und genießen es zusammen.

'Verpflichtete', Praktikanten und Freunde beim gemeinsamen Frühstück.

In derartiger oder bärenorientierter Tätigkeit lernen sie soziale Tugenden wie Pünktlichkeit, Zuverlässigkeit, Teamgeist und Kooperation. Mir als 'Bärenvater', der es gelernt hat, sensibel die Äußerungen seiner Tiere wahrzunehmen, gelingt es offensichtlich, die Signale der Jugendlichen aufzufangen und adäquat zurück zu senden. Dies muss wohl auch die Meinung der Gerichte und Jugendämter sein, denn sonst würden sie mir die Jugendlichen nicht anvertrauen.

Vor einigen Tagen läutete es an meiner Tür. Der kleine 13-jährige Jan stand dort. Ich ahnte schon, was er auf dem Herzen hatte. Er war beim Stehlen einer CD erwischt worden. Da er in seinem Alter nicht strafmündig ist, hatte das Gericht ihm 20 gemeinnützige Arbeitsstunden auferlegt.

Er durfte sie im Verein „Bärenwelten in uns" ableisten. Liebevoll und engagiert pflegte er den Vorgarten unseres Vereinsanwesens. Rasch waren die Stunden vorbei und die Arbeit getan. Nun kam er mit der bedauernden Frage, ob die Zeit wirklich schon herum sei. Ich musste das bejahen. Da sagte er: „Na, ich kann ja mal schauen, was meine Blumen machen, vielleicht gibt's wieder was zu tun für mich."

An diesem Beispiel läßt sich zeigen, welche Wirkung die gemeinsame Arbeit in unserer Gruppe haben kann. Wie schön wäre es, wenn wir auf diese Weise gemeinsam den geplanten Umweltpark mit Bärengehege errichten könnten. Aus ihrer bzw. unserer Hände Kraft würde etwas Schönes und für Bär und Mensch Sinnvolles entstehen und dabei noch eine Lebenshaltung vermittelt werden können, die den Jugendlichen weiterhin zugute kommt. Vielen von ihnen ist es nicht (mehr) geläufig, regelmäßig morgens aufzustehen und sich ans Werk zu machen oder sich zu entschuldigen, wenn es nicht klappt. Das gilt keineswegs nur mir, mit dem sie ja reden können. Vielmehr richtet es sich auch an die Tiere, die Respekt und Disziplin einfordern.

Jeder Jugendliche könnte sich seinen Anlagen entsprechend in das Projekt einbringen, sei es durch Arbeit am PC oder an den geplanten Blockhütten. Es ist wichtig, ein 'gutes Händchen' für die jeweiligen Begabungen und Neigungen zu entwickeln und zu führen. Zu den beschriebenen sozialnützlichen Aktivitäten gehören auch die Betreuung der Gäste aus Tschernobyl sowie der Umgang mit Besuchern wie Senioren, Schülern und anderen Interessierten. Wenn sich der Umweltpark realisieren lässt, wird ein Großteil davon dort in jenem Refugium stattfinden, wo die Bären in behüteter Freiheit leben sollen. Ich gehe davon aus, dass alle diese Tätigkeiten den Jugendlichen Spaß machen und ihnen Verantwortung abverlangen.

Gerne leiste ich einen Beitrag dazu, dass der in manchem glimmende kriminelle Funke sich nicht zum Feuer auswächst. Meine unkonventionelle Art und das Wissen darum, gebraucht und anerkannt zu werden, tragen gewiss ihren Teil dazu bei.

Besuch der Kinder aus Tschernobyl

Als sich der tragische Unfall im Atomreaktor von Tschernobyl zum 20. Mal jährte, meldeten sich die 'Kleinen Störche' auf russisch „Bosliks" bei mir an. Nein, nicht etwa Vertreter Adebars, sondern ein weißrussisches Kinderballett, dass mich und meine Bären besuchen wollte. Ich hatte schon zuvor gelegentlich mit meinen Bären Kinder von dort begrüßt. So kamen sie im letzten Jahr mit ihren Gasteltern aus dem Kirchenkreis Elze/Coppenbrügge, insgesamt 150 Personen, um gemeinsam ein paar vergnügliche Stunden bei den Bären zu verleben.

Nun also die 'Kleinen Störche', die voller Vorfreude auf die 'braunen Riesen' waren. Lebhaft ging es zu, als Mascha und Dimka ihr Bestes gaben, um – so schien es – gerade diese Kinder fröhlich zu stimmen. Die Kinder brachten ihre Dolmetscherin mit, um meinen erklärenden Ausführungen zu folgen. Ich fragte sie: „Was haben die Bären dieser Welt uns Menschen voraus?" Doch darauf wusste niemand eine Antwort. Ich half ihnen! „Die Bären brauchen keinen Dolmetscher! Sie verständigen sich ganz gezielt durch ihre Laute, die in allen Ländern, in denen Bären leben, die gleiche Bedeutung haben."

Die „Bosliks" revanchierten sich bei mir und meinem Team mit einer stimmgewaltigen und temperamentvollen Kostprobe ihres Könnens. Zur Erinnerung an den Besuch bei den „Alfelder Bären" bekam jedes Kind ein Stofftier von mir mit auf den Weg. Uns vom Team erfreuen diese Besuche, sie erinnern aber auch an das furchtbare Unglück in der Heimat dieser Kinder.

Das „grüne Klassenzimmer"

Auch Kindergärten und Schulklassen kommen gern und regelmäßig. Sie freuen sich über den Ausflug und auf die Bären. Ich versuche, Ihnen auf anschauliche und verständliche Weise Wissenswertes über meine Tiere zu vermitteln.

Aber auch das von mir ins Leben gerufene „grüne Klassenzimmer" ist bei Schülern und Lehrpersonal gleichermaßen beliebt. Hierzu findet die Veranstaltung zum Unterrichtsthema „Bär" im Freien, oft im Schulgarten statt. So auch an einem schönen Sommertag, als unsere Truppe in der 'Dohnser Schule' Alfelds gastierte. Für 250 Schüler und 16 Lehrkräfte erwies sich dieser Tag als unvergesslich. Von 'Schulmüdigkeit' war nicht mehr das Geringste zu spüren. Im Gegenteil, der Auftritt der Bären im 'Biologieunterricht live' weckte eine lebhafte Teilnahme der Kinder. Aufgestellt in vier Gruppen, wurde ihnen je nach Klassenstufen und Bedürfnissen Wissenswertes und Spannendes zum Thema Braunbär vermittelt.

In einer Einführung erkundete ich auch das Vorwissen der Kinder über Bären und wies darauf hin, dass es sich um das letzte in Europa frei lebende Raubtier handelt. Da ich ja nun bereits seit Jahrzehnten mit meinen Bären zusammenlebe, konnte ich leicht und fachlich über Verhaltensweisen, Vorkommen, Nahrung usw. informieren. Unterstützt werden meine Erklärungen durch mitgebrachtes Anschauungsmaterial.

Aber mehr als eine Viertelstunde theoretischen Unterrichts ist nicht drin. Die Kinder sind dann nicht mehr zu halten und ersehnen die Hauptattraktion: Das Erscheinen der Bären. Beim vergnüglichen Zuschauen konnten sie ihr frisch erworbenes Wissen vertiefen. Sie sahen, dass die Bären „Sohlengänger" sind, wenn sie sich aufrichten, gleichen sie Menschen auf zwei Beinen. Ferner erfuhren sie, was sie fressen und dgl. mehr.

5. Biologie und Ökologie der Braunbären

Nachdem wir nun schon viel über mein Leben mit den Bären und über diese Tiere erfahren haben, sollten wir aber nicht aus den Augen verlieren, dass die Bären eine lange Naturgeschichte aufweisen. Die muss man berücksichtigen, wenn man mit ihnen umgeht. Hier ein kleiner Überblick:

Wie die Bären entstanden:

Der Braunbär, lat. Ursus arctos arctos, gehört zur Klasse der Säugetiere und hier zur Ordnung der Raubtiere. Der hundeähnliche Cephalogale lebte im Miozän (vor 24 bis 5 Millionen Jahren). Er besaß gemeinsame Merkmale von Hunden und Bären. Von diesem hundeartigen Vorfahren stammte der erste bärenähnliche kleine Carnovore Ursus ab. Aus ihm entwickelten sich alle anderen Bärenarten weiter. So kommt es, dass Bären ursprünglich verwandt waren mit anderen Säugetieren, wie Katzen, Hunden, Waschbären, Dachsen und Wieseln.

Im Gegensatz zu vielen Fleischfressern, die schon früh von den überwiegend Pflanzen fressenden Vorfahren abzweigten und sich auf Fleischnahrung spezialisierten (etwa die Katzenfamilie), stellten sich die Bären eher auf eine allgemeinere Ernährungsweise um. Vermutlich gezwungenermaßen, da nicht genügend Beutetiere vorhanden waren. Beim Bären überwiegt die pflanzliche Nahrung, wobei er bei passender Gelegenheit durchaus auch Fleisch zu sich nimmt. Sein einzigartiger Gebissaufbau ermöglicht es ihm, in Zeiten großen pflanzlichen Nahrungsangebotes dieses auch ausgiebig zu nutzen und zu anderen Zeiten auf tierische Nahrung umzuschwenken.

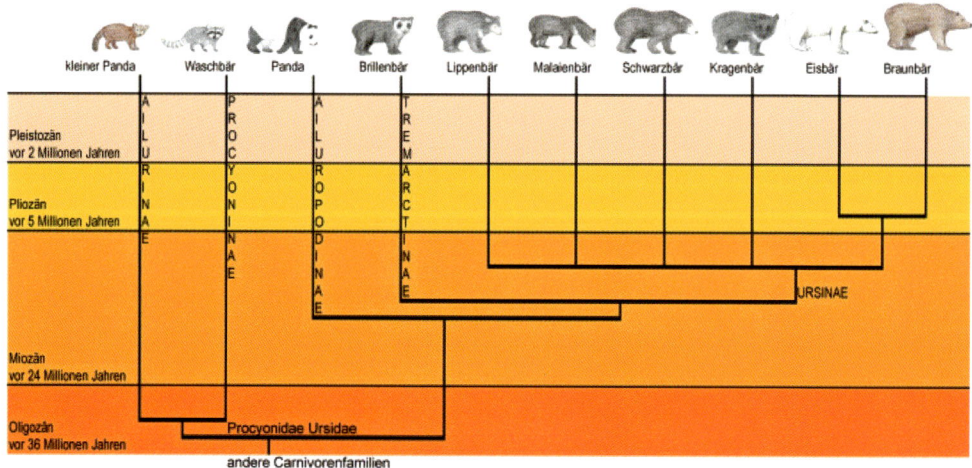

Ich denke, dass Bären Opportunisten sind. Das heißt, sie sind so intelligent, sich aus praktischen Gründen einer Lage anzupassen. Wenn einem Löwen, einem reinen Fleischfresser, z.B. die Beute ausginge, würde er, auch bei reichlichem Früchteangebot aus dem Garten der Natur, verhungern.

Da die ältesten Bärenfossilienfunde aus dem Miozän stammen, gab es Bären schon vor dem ersten Menschen.

Im Pleistozän (vor etwa zwei Millionen bis 10.000 Jahren) lebte in Nordamerika der Riesen-Kurzschnauzenbär.

Riesenkurzschnauzbär, Grizzly und Mensch
Er war das größte und vermutlich auch das gewaltigste Raubtier, das damals existierte.

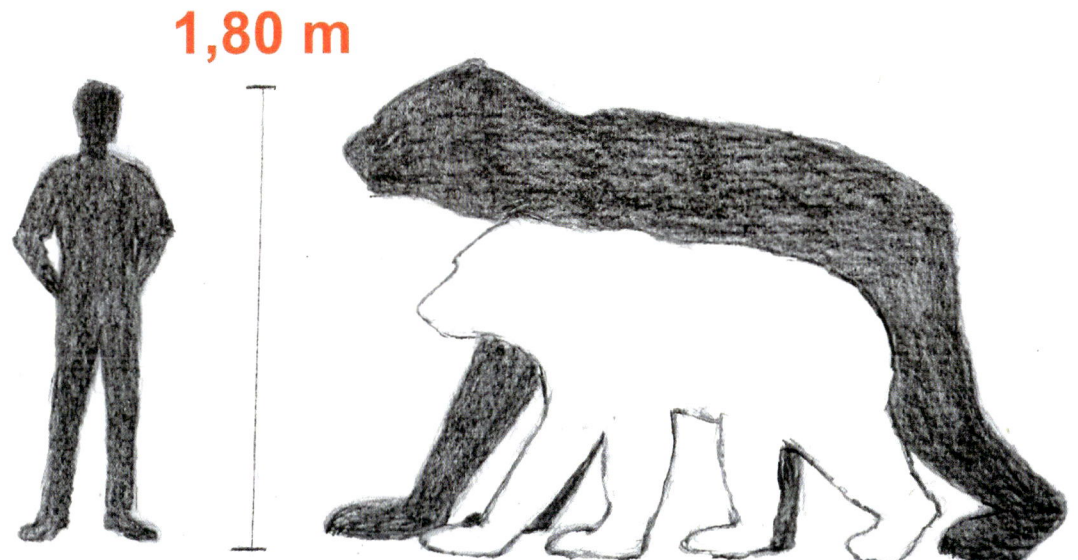

Die bekannteste Bärenart der Vorzeit ist der wilde Höhlenbär (Ursus spelaeus), der seit ca. 10 000 Jahren ausgestorben ist.

(Mit freundlicher Genehmigung der Stadt Reutlingen/Sonnenbühl)

Der Höhlenbär

Diese Bären waren riesig und viel größer als der heutige Kodiakbär. Eine Zeichnung in der Höhle von Le Colombier in Ain (Frankreich), die aus dem oberen Paläolithikum stammt (vor 35.000 bis 15.000 Jahren), zeigt, dass der Höhlenbär kurze Ohren und ein schweineähnliches Gesicht hatte.

Er war eben ein riesiger „Teddy" – der bärenähnlichste aller Bären. Die Männchen waren etwa doppelt so schwer wie die Weibchen, und die Körpergröße variierte von einem Gebiet zum andern ganz erheblich. Sein Vorkommen war auf den westeuropäischen Raum beschränkt.

Wie ich selbst erlebt habe, hat man in Deutschland auf der Schwäbischen Alb in Sonnenbühl bei Reutlingen eine große Bärenhöhle entdeckt, in der man 12 gut erhaltene Fossilien des Höhlenbären fand.

Es war ein Glück für die Europäer der letzten Eiszeit, die Neandertaler und die Cro-Magnon-Menschen, dass sich der Höhlenbär überwiegend von Pflanzen ernährte und einen Großteil seines Lebens in Höhlen verbrachte. So wurde er ihnen selten gefährlich und ging als freundlicher 'Bruder des Menschen' in die Sagen ein.

Aufgrund der Anpassungsfähigkeit der Bären haben sich, wie aus dem vorstehenden Diagramm ersichtlich, im Laufe der Zeit viele Arten und Unterarten überall auf der Welt herausgebildet. Allerdings ist die Bärenpopulation durch Jagen und Zerstörung der natürlichen Lebensräume inzwischen drastisch zurückgegangen, und viele Arten sind vom Aussterben bedroht.

Bären und Menschen –
eine problematische Beziehung?
Vom Umgang mit Wildtieren in unserer Zeit

Durch die moderne Zivilisation, den Bevölkerungszuwachs und die immer stärkere Nachfrage nach landschaftsbeanspruchenden Ressourcen ist bei den meisten Bärenarten ein starker Rückgang der Bestände zu verzeichnen. Aber nicht nur das macht mir Sorgen, sondern ich beobachte auch, dass kräftige große Exemplare immer seltener werden. Die Zukunftsaussichten der Bären kann man besten durch einen Blick in die Vergangenheit einschätzen.

Vor ca. 3.700 Jahren verschwand der letzte Bär in Dänemark. Hundertprozentig ist die Ursache nicht geklärt, fest steht aber, dass Menschen mit ein Grund für den Untergang waren. Auch in England lebten einst Bären, sie wurden jedoch bald als Bedrohung für Mensch und Haustier empfunden. Der letzte Bär wurde hier zu Beginn des 12. Jahrhunderts erlegt.

Bis zum Ende des 16. Jahrhunderts lebten die europäischen Braunbären noch in einer einzigen Population, die sich von Portugal über Spanien, Frankreich, Deutschland, Italien, Österreich bis nach Osteuropa erstreckte. Obwohl die Bärenjagd eigentlich nur den Adeligen erlaubt war, wurden mit der wachsenden Bevölkerung überall Bären, weil sie das Vieh bedrohten, erlegt. Die Methoden der Bärenjagd wurden im Laufe der Zeit immer mehr verfeinert. Schon am Ende des 17. Jahrhundert wurden die Braunbärbestände auf die nördlichen Gebiete Kantabriens (Spanien) beschränkt. so dass diese sich mit der nächsten Population im Osten, in den Pyrenäen, nicht mehr vermischen konnten. Mit der Aufhebung des Privilegs der Bärenjagd nur für Adelige beschleunigte sich die Ausrottung dieser Spezies in den meisten Gebieten Westeuropas. Ein Mensch, der einen Bären tötete, galt als Held. Archaische Jagdinstinkte lebten fort.

Die heute noch in Europa existierenden Exemplare leben in mehreren fragmentierten Populationen in entlegenen Berggebieten. Wenn aber keine Schutzmaßnahmen ergriffen werden, wie in Amerika für das Überleben des Schwarzbären schon geschehen, ist ihr Überleben keineswegs gesichert, weil ihr Genpool stagniert.

Gemeinsame Vorlieben – Das Problem der Mensch-/Bär-Beziehung

Die fruchtbaren Gegenden, in denen die Menschen Ackerbau und Viehzucht betreiben, sind leider auch die, in denen die Bären schon seit Jahrhunderten genügend wild wachsende Nahrung im Überfluss finden. Da der Bär ein Allesfresser ist, bevorzugt er die gleiche Nahrung wie der Mensch. Bären verwüsten in ihren ursprünglichen Gebieten angelegte Obstplantagen, zerstören Bienenstöcke, töten das Vieh. So kommt es unweigerlich zur Konfrontation. Hinzu kommt, dass menschliche Wohngebiete und landwirtschaftliche Betriebe immer weiter in die Lebensräume der Bären vordringen. Dadurch werden die von den Menschen produzierten auch für den Bären sehr attraktiven Nahrungsmittel ihnen immer näher gebracht.

Menschliche Siedlungen werden zusehends zu Anziehungspunkten für Bären der umliegenden Gebiete. Ein Konflikt ist unausweichlich. Nur wenige Menschen sind bereit, mit Bären zu koexistieren. Die Folge ist, wie beim 'bayerischen Bär', dass diese Tiere in der Nähe von Menschen häufig schon als 'problematische Bären' bezeichnet werden, ehe es überhaupt zu Zwischenfällen kommt!

Mit Hilfe molekularer Techniken, u.a. der Chromosomen-Morphologie, haben Wissenschaftler die Bären übrigens in drei Unterfamilien eingeteilt: in die des Großen Panda, die des Brillenbären und die Gruppe der Ursinae (Bärenartige). Zu ihnen gehört: Der Braunbär, zu dessen Unterarten der Kodiak-, Grizzly-, Hokkaido- und Kamtschatkabär gehören, ferner der Eis-, Schwarz-, Kragen-, Lippen- und Malaienbär. (Arten und Unterarten siehe Anhang.)

Als Lebensräume in Westeuropa würden sich für künftige 'so genannte Problembären' die italienischen Abruzzen, die spanischen oder französischen Pyrenäen oder Kantabrien, also Nordspanien, anbieten. Die dortigen Populationen liegen weit verstreut und sind nicht miteinander verbunden. Zur Vermehrung steht den Bären immer nur ihre Familie zur Verfügung. Und es wäre gut, wenn ein fremder Bärenmann dort anerkannt und Vater zukünftiger Bärengenerationen werden würde.

Denn es fest steht, dass die Braunbären immer kleiner werden und große kräftige Exemplare immer seltener. Die größten, kräftigsten Tiere dien(t)en als attraktive Jagdtrophäe, deshalb gibt es davon nur noch wenige.

Doch nicht nur der Abschuss der großen Bären ist schuld an den immer kleiner werdenden Exemplaren. Auch ausreichend Nahrung und vor allem der Kontakt zu anderen Populationen in erreichbaren Gebieten sind ausschlaggebend für das Fortbestehen gesunder, kräftiger Tiere. Doch durch die Fragmentierung, d.h. das Auseinanderreißen der Lebensräume der Bären, verschwinden für immer kleine Populationen auf der ganzen Welt, wie Malaien-, Lippen-, Kragen-, Brillen-, Schwarz- und Braunbären. Um diesen Tieren eine Chance zum Überleben zu geben, brauchen sie Hilfe, indem regelmäßig Bären aus einer anderen Gegend dort angesiedelt werden, um den Genpool durchzumischen. Ebenso erweist es sich als positiv, Bio-Korridore zu schaffen, um die einzelnen Bestände zu verbinden.

Am besten wäre es natürlich, solche Fragmentierungen von vornherein zu vermeiden. Für die Bären einschneidende Veränderungen sollten gut bedacht sein, wie Umleitung von Gewässern, Waldrodungen, Siedlungsbau usw. Denn ist eine Fragmentierung erst einmal eingetreten, ist sie schwer, wieder rückgängig zu machen.

Wenn der „Bruno" sich artgerecht verhalten hätte, … wäre er bestimmt willkommen gewesen. Fakt ist, dass er dies eigentlich gar nicht konnte, da in unserer durchsiedelten Landschaft kein Platz mehr für ihn ist. Da wird dem Bären die Schuld an Umständen zugeschoben, die er gar nicht erzeugt hat.

"Macht Euch die Erde untertan!" Diese Worte bedeuten aber nicht, dass wir ungestraft Raubbau an der Natur vornehmen können.

Denn es steht fest, die Erde braucht uns Menschen nicht! Im Zeitalter der Erdgeschichte macht unser Dasein nur eine kurze Spanne aus. Dies sollte man ab und zu bedenken. Die Folgen unserer Achtlosigkeit bekommen wir dafür allerdings schon zu spüren durch Naturkatastrophen, die gerade in den letzten Jahren zugenommen haben. Heute hat man weltweit angedacht, sich in Zukunft mehr für den Klimaschutz einzusetzen als bisher. Die Folgen des Klimawandels sind das Schmelzen der Pole, was zum Aussterben der Eisbären in den nächsten 50 Jahren führen kann. Es ist fünf vor zwölf!

Was berechtigt uns eigentlich zu diesem gnadenlosen Ausmerzen uralter Arten von Lebewesen – egal ob wissentlich oder unwissentlich?

Anatomie und Nahrungsverhalten der Braunbären

Braunbären gehören mit zu den größten fleischfressenden Säugetieren der Erde. Sie haben einen schweren Körper und einen großen Kopf. Ihre Augen und die runden Ohren sind klein und ihr Schwanz sehr kurz. Der Bär kann sehr gut riechen. Der gut ausgeprägte Geruchssinn gleicht oftmals seine relativ schlechte Sehkraft aus.

Das Gewicht eines Braunbären kann bis zu 400 kg betragen. Umso erstaunlicher, dass er hiermit eine Geschwindigkeit von fast 60 km/h erreichen kann. Genau wie bei uns Menschen berühren Sohle und Ferse den Boden. Es ist dem Menschen das von der Natur her ähnlichste Säugetier. Der Bär kann z.B. mühelos aufrecht gehen, ohne zu ermüden oder Rückbeschwerden davon zu tragen, da seine Wirbelsäule, im Gegensatz zum Hund, dafür ausgelegt ist.

Die Farbe seines Fells erstreckt sich von hellem Zimt über verschiedene Brauntöne bis schwarz. Die Tatzen der Bären enden in fünf Zehen mit scharfen, spitzen Krallen. Diese sind, wie bei allen anderen Bärenarten auch, nicht einziehbar.

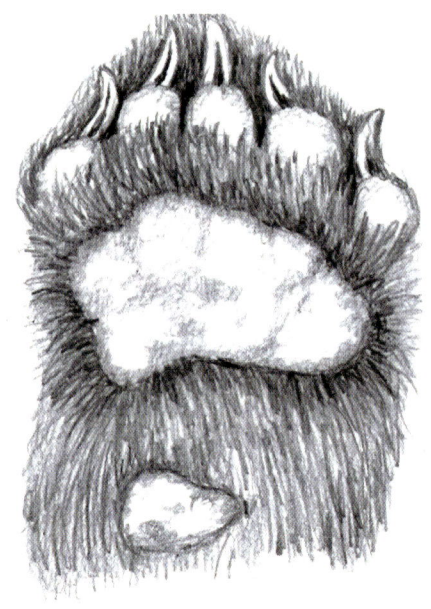

Mit diesen Waffen verteidigen sich die Bären und überwältigen ihre Beute. Darüber hinaus können sie damit Wurzeln ausgraben, sogar auf Bäume klettern und Baumrinde abreißen.

Bären sind Allesfresser. Das heißt, sie ernähren sich von Pflanzen, aber auch von Fleisch. Der Bär besitzt insgesamt 42 Zähne, genau soviel wie sein Verwandter, der Hund: Je 4 Schneidezähne oben und unten mit sich anschließenden Eckzähnen. Außerdem hat er auf jeder Seite oben und unten einen großen scharfen Reißzahn. Dann folgen jeweils 6 Mahlzähne. Mit diesem für die Jagd und zur Aufnahme von pflanzlicher Nahrung ausgelegten Gebiss kann er, wie zuvor schon erwähnt, mühelos fleischliche als auch vegetarische Kost zu sich nehmen.

Die Nahrungsgewohnheiten sind jahreszeitenabhängig. Bären sind ständig auf der Suche nach Früchten, Wurzeln, Nüssen, Beeren, Engerlingen, Insekten und Larven. Letztere finden sie häufig unter der Baumrinde.

Ab und zu jagen sie Nagetiere, Vögel oder Fische. Aber eher selten. Hauptsächlich ernähren sie sich jedoch von Pflanzen. Als echte 'Schleckermäuler' lieben sie Honig über alles. Jedoch gibt es ihn, wie auch Lachse an den Flussläufen, nur zu seiner Zeit.

Der Bär - ein Einzelgänger ?

In der gängigen Fachliteratur wird das zwar immer wieder behauptet; aber stimmt es wirklich? Wie jeder Bärenexperte weiß, lebt ein Bärenjunges bis zu 3 Jahren bei seiner Mutter. Erst dann trennen sich ihre Wege. Darüber hinaus ist es selbstverständlich, dass während der Paarungszeit die Bären und Bärinnen engen Kontakt zueinander suchen. Sie flirten heftig und kommunizieren miteinander, ähnlich der Menschengattung. Nicht jeder Bär mag übrigens jede Bärin. Und umgekehrt auch.

Hätten dies z.B. vor kurzem in einem Zoologischen Garten die 'Bärenexperten' bedacht, wäre das Drama, das sich dort ereignete, wohl zu vermeiden gewesen. In diesem Fall wurden die beiden Tiere, die sich erst seit geraumer Zeit kannten, durch einen Gang in ihr Innengehege geführt. Da die Brunft wohl sehr früh begonnen hatte, wollte der Bär die Bärin begatten. Da diese von ihm wohl absolut nichts wissen wollte, verweigerte sie sich ihm. Der gekränkte Liebhaber wurde so wütend, dass er in seinem Zorn nicht davor zurückschreckte, die Bärin halb tot zu beißen und anschließend auf dem engen Gang durch die Luft schleuderte, wo sie letztlich verendete.

Aber so dramatisch geht es in der freien Natur und bei ausreichend großer Auswahl des anderen Geschlechts nicht zu. Hat sich ein Pärchen gefunden, bleibt es oft für 2 bis 3 Wochen zusammen. Das Pärchen liebt sich mehrmals täglich, wobei die Empfängnisbereitschaft der Bärin auf einige Tage beschränkt ist. Das Glück ist jedoch nur von kurzer Dauer. Denn nach wiederholten Liebesakten trennen sich die beiden. So kommt es, dass es bei dieser Spezies zwar 'Mutterglück', jedoch keine 'Vaterfreuden' gibt. Im Gegenteil: Da dem Vater bei einer späteren Begegnung sein Junges gleichgültig ist, tötet er es eventuell sogar, da es ihm bei einer erneuten Vereinigung mit der Mutter im Weg sein könnte. Das Junge besitzt für ihn übrigens keinen Wiedererkennungswert. Es kann sogar vorkommen, dass die Bärin sich mit weiteren Partnern paart, so dass die Jungen eines Wurfs verschiedene Väter haben.

Nach der Paarungszeit ab Anfang Juni sind die Bären fast nur noch 'Haut und Knochen', so sehr strengt sie die Brunft an. Jedoch schon bald beginnen sie übermäßig viel zu fressen. Bis zu zehn Kilo täglich sind für einen Bären ist in dieser Phase normal. Sonst nehmen sie täglich ca. 5 -6 kg zu sich.

Auch bei hohem Futteraufkommen kann man viele Bären gemeinsam, zum Beispiel beim Lachsfang, beobachten.

Winterruhe – Bärenmütter

Im Spätsommer sammeln sich bei uns die Zugvögel für ihren großen Flug gen Süden in wärmere Gefilde. Doch wie soll ein Braunbär die kalte Jahreszeit überleben, wenn schon bald im Herbst die Vegetation welkt und im Winter der Boden gefriert? Mit Flügeln kann man sich leicht davonmachen. Doch so ein Bär kann nicht einfach in wärmere Gegenden laufen, um dort nach Nahrung zu suchen. Man denkt, es reicht doch, wenn der Bär sich im Herbst dick und rund frisst, dann kann er getrost in den Winterschlaf gehen. –

Viele kleine Säugetiere, wie der Igel und die Fledermaus, halten wirklich einen 'echten' Winterschlaf, weil sie in einen totenähnlichen Zustand verfallen. Ihre Körpertemperatur passt sich fast der Außentemperatur an.

Der Bär jedoch hält nur „Winterruhe" und senkt seine Körpertemperatur dabei um ca. 5 Grad. Er schläft nicht sehr tief, hebt seinen Kopf ab und zu und ändert seine Ruhehaltung. Zuvor jedoch musste er sich Energiereserven anlegen. Das Mittel seiner Wahl findet er im Spätsommer und Herbst in Form von zuckersüßen Beeren aller Art. Soweit vorhanden, auch Fische, kleine Säugetiere, Ameisen … , zur Not nimmt er aber auch Wurzeln, junge Triebe usw. zu sich.

> Früher war es üblich, Jagd auf Winterruhe haltende Bären zu machen. Das Winterlager wurde von Jägern umstellt und der Bär aufgeweckt. So war Meister Petz eine leichte Beute. Heute sind diese grausamen Jagdmethoden, bei denen der Gejagte keine Chance hat, in ganz Europa verboten.

Bären nehmen, je nach Geschlecht, im Herbst 30 bis 50 kg zu. Ein Drittel davon ist Fett. Bevor sie sich in ihren Unterschlupf zurückziehen, hören sie einige Tage mit der immensen Nahrungsaufnahme auf und entleeren ihren Darm ein letztes Mal. Denn von nun an werden sie fast ein halbes Jahr lang – am Polarkreis bis zu 7 Monaten - nichts mehr fressen und weder ein großes noch kleines Geschäft machen. Ihr Unterschlupf besteht häufig aus einer Höhle oder einem verlassenen Ameisenbau. Auch ein tiefes Loch unter Baumwurzeln versteckt wird gern benutzt. Hauptsache, hier herrscht Ruhe, und die Bären werden nicht gestört. Eine Bärin sammelt vorher gezielt Material zusammen, um aus Moos, Torf oder Fichtenzweigen einen gemütlichen Schlupfwinkel werden zu lassen. Schließlich muss er über kurz oder lang als Kinderzimmer dienen.

Während ihrer Winterruhe laufen alle Lebensfunktionen der Bären auf Sparflamme. Das Herz schlägt statt 45 nur noch 10-mal pro Minute, auch der Stoffwechsel verlangsamt sich. Sobald die Bären eingeschlafen sind, setzt die Fettverbrennung ein. Durch den Abbau der Fettpolster werden die Tiere mit den nötigen Kalorien und Flüssigkeit versorgt. Auch ohne Nahrungsaufnahme fallen durch den Stoffwechsel Abfallprodukte an. Doch anstatt die Abfallstoffe auszuscheiden – so wäre ja bis zum Frühjahr die ganze Höhle verschmutzt – verwertet der Körper sie wieder. Die Bären bilden aus den Abfallprodukten lebenswichtige Proteine, so sind sie in der Winterzeit mit allem versorgt.

Der Bär ist für mich überhaupt eines der größten Wunder dieser Erde, denn nur er ist dank eines spezielles Hormons in der Lage, diese Art der Verstoffwechselung durchzuführen.

> Wenn ein Mensch ein bis zwei Tage keinen Urin ausscheidet, stirbt er, da die harnpflichtigen Substanzen seinen Körper vergiften würden. Ohne Flüssigkeits- und Nahrungsaufnahme, ohne nennenswerte Bewegung verliert er kaum Knochensubstanz oder Muskelmasse. Vielleicht können unsere Astronauten eines Tags mit Hilfe dieser Erkenntnisse die bis heute bestehenden Probleme überwinden und zum Mars fliegen? Vielleicht hilft er uns ja auch eines Tages, chronische Krankheiten, wie Osteoporose, Morbus Parkinson und viele andere auszumerzen?

Der Bärenvater liegt den ganzen Winter über nur auf seiner Bärenhaut und bewegt sich ab und zu etwas. Da die Bären sich im Frühsommer paaren, steht der Bärin im Gegensatz zu den männlichen Tieren Größeres bevor. Die befruchteten Eizellen ruhen, bis die Winterruhe beginnt. Erst dann nisten sie sich in der Gebärmutter ein. Nun erst fangen die Bärenjungen an, auf ihr Geburtsgewicht heranzuwachsen. Nach ca. 2 Monaten steigt die Köpertemperatur der Bärin leicht an, und sie bringt ein bis drei Junge auf die Welt. Diese wiegen nur zwischen 300 und 500 g. Das hat die Natur so eingerichtet, denn es wäre nicht möglich, unter diesen Umständen im Winter und in der engen Höhle größere Jungtiere zu nähren oder großzuziehen.

Danach sinkt die Körpertemperatur wieder, allerdings nicht so tief wie vor der Geburt. Die Bärenwinzlinge werden von der

Mutter während der gesamten Ruhephase gestillt. Sie haben kein Fell und ihre Augen sind geschlossen. Sie wachsen schnell heran und wiegen im Frühling schon ca. 5 kg.

Langsam wird es der Bärenmutter dann zu eng und unruhig mit ihnen, und sie betreten gemeinsam das erste Mal die frische Natur. Der Schnee ist geschmolzen, und die Fettpolster der Bärin sind es ebenfalls. Ihr Organismus benötigt jedoch ein bis zwei Wochen, um wieder in Gang zu kommen. Erst dann fängt sie an zu fressen und hat natürlich einen 'Bärenhunger'. Aber das Nahrungsangebot im Wald ist noch nicht so groß, also muss sie mit Raupen und Käfern vorlieb nehmen. Ab und zu erbeutet sie auch mal ein Wildtier.

Die Kleinen werden von ihrer Mutter liebevoll beschützt. Aber trotz des Schutzes kommt es vor, dass ausgewachsene Männchen Junge töten. Daher geht die Bärin mit ihren Kleinen aggressiven Männchen aus dem Weg, bringt ihren Jungen bei, wie man auf Bäume klettert. Sie greift jedes Lebewesen an, das sich nähert.

Die recht langsame Entwicklung der Bärenjungen und ihre Abhängigkeit von der Mutter ermöglichen es ihnen, Techniken zur Futterbeschaffung zu erlernen, damit sie später ein eigenständiges Leben führen können. Überhaupt sind Bärenjunge ausgesprochene Nesthocker, im Gegensatz zum Pferd, Hund und anderen Säugetieren bleiben sie verhältnismäßig lange bei der Mutter und übernehmen der ihr Wissen. Sie sind langsam Heranreifende. Vielleicht sind sie deshalb feinstrukturierter und auch intelligenter als viele andere Säugetiere.

Im dritten Jahr verstößt die Mutter ihre Jungen, und die Kleinen werden unabhängig. Die Geschlechtsreife erlangen sie mit ca. 4 Jahren.

Die Intelligenz der Bären

Durch die jahrzehntelangen Beobachtungen konnte ich feststellen, dass Bären viel klüger sind als allgemein bekannt ist. Die Bären stehen unter den wildlebenden Tieren den Menschen am nächsten. Es gibt unter ihnen Kluge und weniger Kluge und eine überwiegende Mehrheit mit 'normalem' Intelligenzquotienten.

Im Gegensatz zum Fuchs, der 'nur schlau' ist, d.h. er lernt durch ständige Wiederholung, sind viele Bären sehr klug, das bedeutet, sie denken nach. Nichts überlassen sie dem Zufall. Die Bären heben z.B. nicht zufällig die Tatze; sie möchten damit etwas aussagen. Auch ihre differenzierten Laute sind eindeutig und ganz klar der jeweiligen Situation angepasst.

Ein Beispiel für die Klugheit der Bären:

Der Bär nutzt die Zivilisation zu seinem Vorteil, u.a. in Bulgarien. Hier dringt er oftmals bis in Wohngegenden der Bevölkerung vor. Nicht nur in ländlichen Gebieten, sondern sogar bis an den Stadtrand von Sofia. Er treibt sich in der Nähe von Mülltonnen herum und ernährt sich von den dort frei herumliegenden Abfällen, wie ich selbst beobachtet habe. Seltsamerweise beachten die Bewohner die Bären kaum. Mensch und Tier ignorieren sich einfach, und Unfälle sind die Seltenheit.

Ein anderes Beispiel:

In den USA beherrschen die Schwarzbären eine Technik, die es ihnen ermöglicht, sich der Nahrung selbst aus verschlossenen Müllbehältern zu bedienen. Man hat zu Forschungszwecken die Zeit gestoppt, die ein Mensch benötigt, um den komplizierten Mechanismus zum Öffnen einer solchen Mülltonne zu betätigen. Die Bären benötigten einen weit geringeren Zeitaufwand als die Menschen. Die 'Technik' der Bären war der des Menschen weit überlegen.

Wenn ein Mensch in freier Wildbahn einem Bären begegnet

Wenn immer wieder und auch in jüngster Zeit von vielen 'Fachleuten' – oder solchen Zeitgenossen, die sich dafür halten – behauptet wird, man solle sich bei einer Begegnung 'bewegungslos stellen und flach auf den Boden legen', so ist dies ein altes Ammenmärchen. Sicher, man kann die auf diese Art die Bauchorgane schützen. Aber es wird einen wütenden Bären kaum von seinem Vorhaben abbringen.

Durch meine jahrzehntelange Erfahrung, auch durch Kontakt mit Bären in freier Wildbahn, kam ich zu der Erkenntnis, dass ein Bär sich durch 'Totstellen' nicht ablenken lässt. Ist die Jahreszeit entsprechend fortgeschritten, und es geht auf den Winter zu, frisst er sich seinen Winterspeck an und betrachtet daher jedes Wesen als Nahrungskonkurrenten oder -quelle. Ehe ihn jemand seiner Mahlzeit beraubt, nimmt er ihn lieber selbst zu sich. So auch im Jahr 2005 geschehen. Ein Fotograf, der gemeinsam mit seiner Frau seit vielen Jahren in Amerika Grizzlybären beobachtet und fotografiert hat, kam vor seiner laufenden Kamera ums Leben.

Sie kannten sich wirklich mit Bären aus und hatten alle geläufigen Vorsichtsmaßnahmen eingehalten. Die bestehen unter anderem darin, Nahrungsreste zu vergraben, um Meister Petz, der bis zu 1000 m weit riechen kann, nicht anzulocken. Sie hatten Vorsorge getroffen, um solch ein Unglück zu verhindern. Nur den Instinkt dieser mächtigen Riesen hatten sie außer Acht gelassen. Dieser sagte den Bären nämlich, wie vorstehend schon beschrieben, sich physisch auf die lang anhaltende bevorstehende Winterruhe einzustellen und keinen 'Futterneider' in ihrem Revier zu dulden. Da das Fotografenehepaar in ihrem Revier gezeltet hat, betrachteten sie dieses natürlich als Feind, der sie ihrer so dringend benötigten Nahrung berauben wollte. Es lag einfach ein großes Missverständnis vor, das ihnen zum Verhängnis wurde.

Kurz nach dem Unglück bekam ich Besuch von mehreren Reportern. Man wollte meine Meinung dazu hören, wie es zu dem Unglück kommen konnte. Ich sagte, dass ich vermute, dass es sich um zwei männliche Jungbären gehandelt haben müsste. Denn männliche Bären bleiben in der ersten Zeit, nachdem ihre Mutter sie auf 'eigene Füße' gestellt hat, zusammen, um ohne sie in der Wildnis existieren zu können.

Meine Worte sollten sich bestätigen. Einen Monat später bekam ich Nachricht aus Amerika. Man erzählte mir, dass man einen ca. 4 Jahre alten Jungbären erschossen habe, der obduziert wurde. Im Magen-/Darmbereich fand man menschliche Überreste.

Durch mangelnde Kenntnis über das Verhalten der Bären auf den Jahreszyklus bezogen kommt es leider immer mal wieder zu solchem Fehlverhalten der Menschen mit tragischem Ausgang. Der Bär ist von Natur aus scheu. Erspäht er einen Menschen, zieht er sich zurück und will seine Ruhe vor ihm. Es kommt aber immer wieder zu Situationen, in denen beide zusammenstoßen, wenn der Bär den Menschen aus örtlichen Gegebenheiten nicht sehen oder wittern kann.

Regel Nummer eins wäre, solche Situationen zu vermeiden. Ich empfehle, niemals leise durch die Gegend zu 'schleichen', sondern sich von Zeit zu Zeit laut bemerkbar zu machen durch Gespräche, singen, pfeifen und dergleichen. Der Bär würde sich zurückziehen.

Anders sieht es aus, wenn dem Bären durch geografische Lage, z.B. steile Felswände zu allen Seiten, der Rückzug versperrt ist. Hier fühlt er sich in die Enge gedrängt und würde jedem anderen Raubtier gleich angreifen. Hier hilft auch kein 'auf den Boden legen'. Rückzug wäre wohl die einzige Rettung. Genauso kann ein Bär zur Gefahr werden, wenn die Bärin ein Jungtier bei sich führt und man sich womöglich zwischen ihr und dem Jungen befindet. Sie würde sofort zum Angriff übergehen, da sie um das Leben ihres Jungen fürchtet. Auch hierdurch kann es zum Äußersten kommen, und nur der Rückzug kann einem unter Umständen das Leben retten.

Aber was hat es mit der Rettung auf einen Baum auf sich? Die Frage ist: Wie groß, wie schwer ist der Bär, und um welche Bärenart handelt es sich? Fest steht, dass Bären gern klettern. Handelt es sich aber um einen großen kräftigen Braunbären, sind seinen 'Kletterkünsten' jedoch Grenzen gesetzt, und er schafft es höchstens ein, zwei Meter hoch in den Baum hinauf zu gelangen. Anders sieht es bei einem leichteren und daher auch gelenkigeren Jungtier vor allem den in Nordamerika und Alaska beheimateten Schwarzbären aus. Sie sind ausgezeichnete Kletterer. Schwarzbären sind jedoch äußerst friedfertig. Durch sie kommen nur ganz selten Menschen ums Leben.

Sollte man eine Tour in einem Nationalpark planen, ist es empfehlenswert, sich an die dort bestehenden 'Gefahrenregeln' zu halten. Je nach Erdteil und Bärenart können diese anders aussehen. Ferner sollte man auf den ausgeschriebenen Wegen bleiben und sich von Zeit zu Zeit, wie schon besprochen, bemerkbar machen. So kann man eventuell einen Bären sehen, hoffentlich aber aus gebührender Entfernung.

Präsenz des Bären in Mythen, Märchen und Alltagswelt

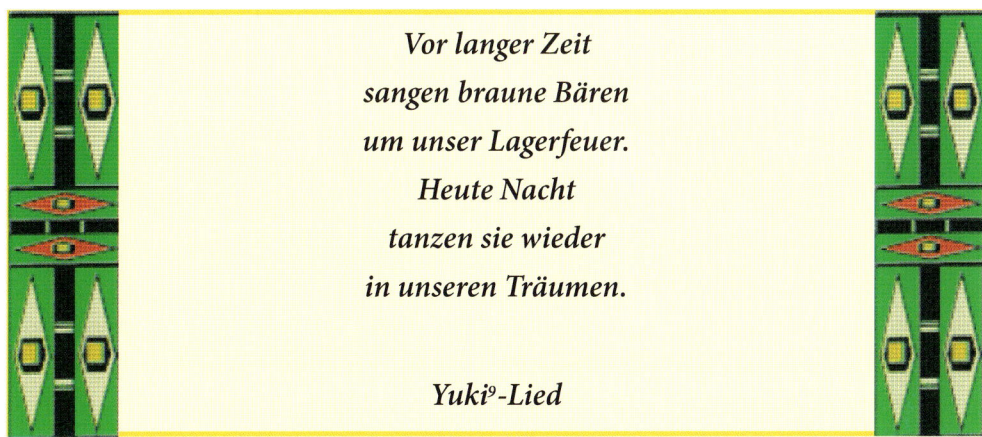

*Vor langer Zeit
sangen braune Bären
um unser Lagerfeuer.
Heute Nacht
tanzen sie wieder
in unseren Träumen.*

Yuki[9]-Lied

In der Urzeit, in der alle Dinge und Wesen als beseelt galten, waren Mensch und Tier eng miteinander verbunden. Wohl aufgrund ihrer Größe und Kraft spielen Bären in Mythologie und im Kult vieler Völker eine wichtige Rolle. Sie erscheinen sehr früh als Herren der Tiere. Märchen, Sagen und Aberglauben wissen von der Macht des tierischen Verbündeten, in dem durchaus ein Prinz stecken kann. (vgl. Schneeweißchen und Rosenrot)

Der Bär symbolisiert Stärke und erhält als großer Geist spätestens seit den Neandertalern kultische Verehrung. Er wird zum Gefährten der mütterlichen Erdgöttin und totemisiertem Namensgeber ganzer Sippen, z.B. „Söhne der Bären". Der vor allem in Sibirien weit verbreitete Bärenschamanismus lebt von der Vorstellung der Seelenreise in Bärengestalt, die Auskunft über eine dem Menschen unmittelbar nicht zugängliche Wirklichkeit erteilt. Höhlenfrauen gebären Bärensöhne, das Bärengesäugte ist von besonderer Kraft. Der archaische Vegetationsdämon symbolisiert die ungezügelten (männlichen) Triebe und die (weibliche) Fruchtbarkeit.

Götter in Bärengestalt waren unter anderem bei den Kelten bekannt. Der keltische Jahreskreis lehnt sich an die Erscheinungsweisen des Bären an. Er ist Begleiter der griechischen Jagd- und Fruchtbarkeitsgöttin Artemis. Er ist der Krösus des Tierreichs, lebende Sternenfigur am Himmel und Wappentier der germanischen Berserker. Unter seinem Totem stehen die Ahnen und die Lebenden.

---

9 Der Stamm der Yuki-Indianer gehörte zur Familie der Sioux und lebte in Nord-Kalifornien am Sacramento-River.

Mit der Christianisierung und Durchsiedlung Europas wird der praktische und geistige Lebensraum enger. Während der Bär anfangs noch als Dienstleister der Heiligen auftritt, wird er ab dem Mittelalter zusehends dämonisiert und verfolgt. Im Tanzbären des fahrenden Volks wurde er als gezähmte und lächerliche Kreatur vorgeführt.

Nachdem die Unterwerfung der Natur fast vollendet erscheint, erlebt der Bär eine Renaissance als Teddybär der Kinder, mit dem sie kuscheln und sich emotional stärken können.

Während er in Deutschland aus der freien Wildbahn und den religiösen Vorstellungen weitgehend verschwunden ist, lebt er in zahlreichen Redewendungen, wie: Bärenhunger oder -durst, Bärenhaut, Bärendienst, bärig usw. und Pflanzennamen: Bärlauch, Bärlapp, Bärenklau usw. fort. Die alten Geschichten kennen ihn nicht nur als Häuptling der Tiere, sondern auch als Meister der Botanik. Er verfügt über einen dem Menschen weit überlegenen Geruchssinn und führt sich zielbewusst verschiedene Heilpflanzen zu.

Die Menschenähnlichkeit in der Bärenerscheinung (aufrechter Gang, Mutterliebe, Verspieltheit usw.) haben lange Zeit fließende Bewusstseinsübergänge zwischen Mensch und Tier gefördert. Wenn wir auch dem magischen Stadium entwachsen sind, vermag eine Projektion seiner Kraftattribute auf uns sowohl die eigene Seele zu stärken als auch ein neues Verhältnis zum existierenden Naturwesen zu begründen.

Wie früher schon erwähnt, finden wir den Bären als Symbol im Wappen von Papst Benedikt XVI im Vatikanstaat. Aber auch andernorts in der Wappenkunde ist der Bär als häufigstes Symbol dargestellt. Das Wahrzeichen unserer Hauptstadt Berlin z.B. ist der Bär!

Auch in der Gastronomie des Mittelalters war der Bär häufig als Symbol im Namen der Gaststätte anzutreffen, die diesen sich bis heute erhalten haben. Gaststätte „Zum Bären", war ein häufiger Begriff.

In vielen Fernsehserien und Filmen für Erwachsene und Kinder sind Original und Fälschung, sprich Bär oder Teddybär, ebenfalls immer wieder gern gesehene Haupt- oder Nebendarsteller.

Selbst „Mr. Bean" trennt sich nur ungern, und wenn, nur für kurze Zeit, von seinem einbeinigen und einäugigen Kuscheltier. Die „Gummibärenbande" und „Baloo" aus dem Dschungelbuch, der meint: „Versuch's mal mit Gemütlichkeit", eroberten die Herzen von Groß und Klein. „Winnie the Pooh", „Yogi-Bär" und „Käpt'n Blaubär" – die Liste ist lang.

Abends, nach getaner Arbeit, wenn mein Team, die Bären und ich langsam zur Ruhe kommen, werde ich oftmals gefragt nach der Zeit meines Lebens, die ich mit meinen Bären in fernen Ländern verbracht habe. Aufmerksam hören dann auch alle gern zu, wenn ich von den dort überlieferten Sagen und Legenden erzähle.

Viele Bärenmythen handeln davon, dass sich Menschen in Bären verwandeln können und als so genannte 'Werbären' weiterleben. Auch die Griechen der frühen Antike glaubten an die Möglichkeit, dass sich Menschen in Bären verwandeln konnten. Der wohl bekannteste Mythos handelt von Castillo, der Tochter des Lykaon.

Die Göttin Hera verwandelte die unfügsame Untertanin Castillo, die von ihrem Gatten Zeus schwanger war, nach der Geburt ihres Sohnes in eine Bärin. Später begegnete Castillo, in Bärengestalt, ihrem Sohn, ohne dass er sie erkannte. Er wollte sie mit einem Speer erlegen und trieb sie in ein verbotenes Heiligtum. Zeus aber hatte Nachsehen mit dem verwerflichen Tun und ließ sie nicht töten. Stattdessen schickte er beide zur Strafe zum Himmel: Castillo als den großen Bären und Arcas als den kleinen - wo sie einander bis heute jagen.

Castillo lebte zuvor in Arkadien im alten Griechenland, wo schon immer ein großer Bärenkult gepflegt wurde. Die Nachkommen des Arcas sollen hier gelebt haben. Ihr Name bedeutet übersetzt: Bärenmenschen. In diesem Zusammenhang steht auch der alt-griechische Name für Bär: Arcos.

An unserem Nachthimmel wandern im Norden zwei Bären, der kleine und der große. Unsere Erdachse weist auf den hellsten Stern im Kleinen Bären, der eher bekannt ist als 'Polarstern' und schon vielen verirrten Seefahrern ihr Leben rettend zur Orientierung gedient hat.

Skandinavien

Der Bär wurde in der Literatur früher auch oft wegen seiner Stärke bewundert und als Krieger und Abenteurer dargestellt, bis er seinem stärksten Gegner, dem frühen Christentum, unterlag. Das geschah aufgrund der tierfeindlichen Einstellung der Kirche, die die Verehrung des Bären für Götzendienst und Aberglauben hielt.

Zuvor waren der Mythos und die Kraft der Bären tief in die Geschichten und Erzählungen, unter anderem der skandinavischen Völker und Islands, verwurzelt. Einige große Krieger dieser Sagen konnten einen Bärengeist beschwören und ihn aussenden, den Feind zu bezwingen. Dazu hüllten sie sich in ein Bärenfell, in das spezielle Öle und Kräuter eingearbeitet waren.

Sie glaubten, dies würde ihnen Stärke, Kraft und Ausdauer der Bären verleihen. Während des Kampfes befanden sich die Krieger in einem rauschähnlichen Zustand und waren angeblich in der Lage, die Rüstung des Feindes zu durchbeißen oder ohne Verletzungen durchs Feuer zu laufen. Man kann sich vorstellen, dass allein der Gedanke an eine Horde tollwütiger als Bären verkleideter Wikinger die Gegner in die Flucht trieb. Von diesen Legenden stammt das Wort 'Berserker'

Das Wort Ber stammt übrigens von einer Wurzel, die Bär bedeutet und Serk bedeutet Hemd.

England

Durch die volkstümliche Bezeichnung der Bären in alt-griechischer Sprache, nämlich Beowulf, übersetzt „Bienen-Wolf" (wegen der Vorliebe der Bären für Honig), hat er es in England als „bee-wolf" bis zu einer großen Legende gebracht.

Es gibt in England wohl keinen Schüler der High School, dem im Unterricht nicht „Bee- oder Beowulf" begegnet ist. Es ist die Geschichte eines überstarken Helden, der die Welt vor vielen Übeln rettete. Angeblich besaß allein seine linke Hand die Kraft von 30 Männern. Und er war ein sehr guter Schwimmer mit großer Ausdauer..., alles Attribute eines Bären.

Bärenbrüder

Wenn bei mir Kindergärten oder Schulklassen zu Besuch sind, gebe ich den Kindern gern einen kleinen Einblick in einen Film, aus dem das Wesen der Bären sehr gut hervorgeht. Anschließend spreche ich mit den Kindern über diesen Film und bin oftmals überrascht, wie sie Stück für Stück das Wesentliche ganz klar herausarbeiten.

Allen Bären- und Kinderfreunden kann ich den Zeichentrickfilm „Bärenbrüder" nur wärmstens empfehlen. Er stärkt die Neugier und lenkt das Bewusstsein auf diese prächtigen Tiere. Es ist eine humorvolle, faszinierende Geschichte über Mut und die Freundschaft zwischen Mensch und Tier.

Sie erzählt von Kenai, einem Indianerjungen, und seinen zwei Brüdern. Sie lebten zu einer Zeit, als noch die großen Mammutherden über die Erde zogen. Kenai mag Bären überhaupt nicht. Umso enttäuschter ist er, als die Schamanin ihm anlässlich des feierlichen Rituals, das ihn zum Manne macht, als Totem das Zeichen der Bären überreicht. Als er dann auch noch hören muss, dass dessen Bedeutung die Liebe ist, ist es mit seinem Selbstbewusstsein nicht mehr weit her. Ja, sein Bruder Sitka bekam seinerzeit das Totem des Adlers, des Weitsichtigen. Das hätte ihm auch gefallen.

Als sein Lieblingsbruder Sitka durch Kenais Unvorsichtigkeit von einem Bären erschlagen wird, will er ihn rächen, indem er den Bären erlegt. Er glaubt, so seine Männlichkeit zu beweisen. Die Geister kommen aber und verwandeln ihn in sein Totem, den von ihm verhassten Bären. Sein toter Bruder hingegen lebt als Adler weiter.

Er erfährt von anderen Tieren, deren Sprache er plötzlich verstehen kann, dass nur die Polarlichter, die im Norden die Erde berühren, ihn von diesem Fluch erlösen können. So begibt er sich auf eine lange Reise gen Norden, auf der er so manches spannende und auch lustige Abenteuer erlebt. Er ahnt nicht, dass der kleine zunächst verhasste, später von ihm geliebte kleine Bärenjunge, sein Wegbegleiter, das Kind der von ihm erlegten Bärin ist.

Erst als beide nach einer mühseligen Reise bei den Nordlichtern ankommen und er und sein Bruder tatsächlich in Menschen zurückverwandelt werden, erkennt er, was er getan hat. Fortan möchte er lieber als Bär mit seinem kleinen Bärenfreund weiterleben und entsprechend seinem Totem soll in Zukunft die Liebe seine Taten bestimmen.

Einigen meiner abendlichen Zuhörer war auch die Geschichte vom ersten Teddybären unbekannt. Für alle meine Leser, die sie nicht kennen, fasse ich sie hier mit meinen eigenen Worten zusammen:

Die Geschichte des Teddybären

Um 1885 war Margarete Steiff, die seit ihrer Kindheit an Kinderlähmung litt und dadurch größtenteils ans Haus gefesselt war, mit Tieren aller Art aus Filz beschäftigt. Ihr Bruder schloss bei einem Besuch im Zoo die kleinen Bären sofort ins Herz.

Er erzählte ihr von ihnen, wie sie langbeinig und geschickt in die Bäume kletterten. Sofort machte sich Margarete ans Werk und entwarf nach den erfolgreich vermarkteten Elefanten die ersten Kuschelbären für Kinder. Durch ihre langen Gliedmaßen, die in Wirklichkeit eher den Proportionen eines Bärenjungen entsprechen, waren sie gegen die heutigen „Teddybären" nicht so schön anzusehen. Bären zum Knuddeln gab es also schon im 19. Jahrhundert – doch wie kam es zur Entstehung des ersten Teddys? Was macht den Unterschied aus zwischen dem ersten Bären als Spielzeug und dem ersten Teddy?

Der erste Teddybär erblickte Anfang des 20. Jahrhunderts das Licht der Welt, zur der Zeit, als Theodore Roosevelt Präsident von Ameri-

ka war. 1902 befand sich der Präsident in den Südstaaten, um dort Grenzstreitigkeiten zwischen Louisiana und Mississippi beizulegen. Weil Roosevelt leidenschaftlicher Jäger war, wurde ihm zu Ehren eine Bärenjagd veranstaltet. Kein Bär ließ sich blicken bis auf einen jungen. Diesen banden die Treiber mit einem Strick an einem Baum fest. Damit das Jagdglück dem Präsidenten doch noch hold war, boten sie Roosevelt an, das Tier zu erschießen. Doch die Art und Weise der Jagd erschien dem Präsidenten mehr als unsportlich, und er weigerte sich, den kleinen Bären zu erlegen.

In der „Washington Post" erschien kurz darauf diese Karikatur. Sie war der Auslöser für den amerikanischen Teil der Geschichte des Teddybärs.

Auch die Eheleute Michtom, die in Brooklyn ein kleines Geschäft besaßen, lasen regelmäßig die „Washington Post". Durch die Karikatur angeregt, fertigte Frau Michtom einen kleinen Stoffbären und stellte ihn zusammen mit der Zeichnung in ihrem Schaufenster aus. Ihr Mann schrieb währenddessen einen Brief an den Präsidenten und bat ihn darin, den kleinen Bären „Teddy's Bär" nennen zu dürfen, in Anlehnung an den Spitznamen von Theodore Roosevelt „Teddy". Der „Teddybär" war geboren.

Dieser Bär wurde solch ein großer 'Renner', dass sich innerhalb kurzer Zeit aus dem kleinen Geschäft in Brooklyn der erste amerikanische große Teddybären-Hersteller entwickelte.

Den meisten Kindern auf der Welt dient der Teddybär als so genanntes 'Übergangsobjekt', das sie bei Bedarf drücken können. Der Bär drückt etwas Hilfloses, Tapsiges, gleichzeitig Drolliges und dennoch Kräftiges aus, das ihre eigene Lebenssicht und Erscheinung spiegelt. Dieser Umstand hat einen positiven Einfluss auf sie und stärkt sie.

Die Vision – Allianz mit der Natur

Die Aussagen der vorstehenden Unterkapitel „Umgang mit Wildtieren" und „Bären und Menschen" spiegeln Folgendes wieder: Fremdheit, Unwissenheit, Feindlichkeit gegenüber den Wildtieren im Allgemeinen und gegenüber den Bären im Besonderen.

Der Bär stellt in Deutschland keine reale Gefahr mehr dar. Er wurde früher wie heute an den Rand gedrängt bzw. kurzerhand vernichtet. Sein Dasein fristet er nur noch in unseren Köpfen, unterstützt durch Literatur oder medial in Form von Film und Fernsehen. Er regt die Phantasie der Kinder an. Auch im täglichen Sprachgebrauch ist er noch gegenwärtig. Metaphern wie „ein fauler Hund", „schlau wie ein Fuchs" werden ergänzt durch Attribute des Bären wie „bärenstark", „schlafen wie ein Bär" oder „du hast uns einen Bärendienst erwiesen"[10].

Wie ich vorstehend schon erwähnte, kann man nur lieben, was man kennt und vor dem man sich nicht fürchtet. Also muss Unwissenheit durch Wissen ersetzt werden. Durch die Möglichkeit, in Allianz mit den Bären zu leben, können unschätzbare Erkenntnisse gewonnen werden. Nirgendwo anders kann man Bären, die in einem fast natürlichen Habitat leben, so nah kommen. Ähnlich der Verhaltensforschung an den in menschlicher Obhut lebenden Schimpansen und Gorillas kann man durch Beobachtung der Bären empirische Erfahrungen sammeln und dokumentieren. Vielleicht halten uns die Bären, die dem Menschen durch viele Parallelen so ähnlich sind und mit denen wir auch genetische Gemeinsamkeiten haben, eines Tages einen Spiegel vor, der unser eigenes Tun reflektiert und besser verstehen lässt.

„Der Mensch lebt nicht vom Brot allein". Und so hege auch ich einen Traum . . . einen großen Lebenstraum.

Ich träume davon, für meine Bären hier in ihrer Heimat in Alfeld einen Umweltpark mit Bärengehege zu errichten, durch den die Möglichkeit geboten wird, dem Wesen dieser wunderbaren Tiere sehr nah zu kommen. Und vielleicht auch die oben beschriebene Unwissenheit mit all ihren Folgen zu mindern! Aber auch vom Aussterben bedrohten anderen Tieren und Pflanzen soll unser Park eine neue und endgültige Heimat bieten.

---

[10] Nach der Legende lebte im alten Griechenland ein Philosoph mit einem Bären zusammen. Der Bär bewachte seinen Herrn, und als sich eine Fliege auf dessen Haupt setzte, schlug er zu. Das war das Ende des Philosophen und die Geburt der Metapher.

Gemeinsam mit dem Verein „Bärenwelten in uns" möchten wir auf unsere Verantwortung für andere Lebewesen und unsere Umwelt hinweisen. Wir möchten den Bären, unseren Mitbewohnern auf der Erde, einen Platz einräumen. Denn das scheint, wie uns die jüngste Vergangenheit lehrte, in freier Wildbahn in Deutschland nicht mehr möglich zu sein. Statt sie auszurotten und zu drangsalieren, versuchen wir ein Stück Natur-Allianz zu verwirklichen.

Unerwartet hat die Vision nun neue Nahrung bekommen: Ein Förderer stellte mir und dem Verein 'Bärenwelten' unentgeltlich ein großes Wald- und Wiesengelände hoch über der Stadt zur Verfügung. Bis zum Luftsprung dort hin sind aber erst noch die Hindernisse der Genehmigungsebene zu durchlaufen – was heißt, sich durch die Instanzenwege mit den Behörden zu schlagen. Bei aller Skepsis – der Plan eines Umwelt- und Bärenparks in Alfeld ist zum Greifen nah! Das geplante Ökotop soll dem Leitbild unseres Vereins entsprechen – es soll eine Oase für Mensch, Vegetation und Tiere werden.

Auch soll unser Park den von uns in Deutschland verdrängten Lebewesen wie den Bären die Möglichkeit bieten, in einer adäquaten Form mit uns zu leben. Eine Reintegration der Tiere in dieser Form soll dazu beitragen, durch Verinnerlichung der theoretischen, praktischen und moralischen Aspekte zumindest in unseren Köpfen künftig besser mit diesen Arten umgehen zu können.

Das 'neue Zuhause' unserer Bären soll sich auf dem Wahrberg befinden. Eine Anhöhe mit herrlichem Mischwald und benachbarten, Almen ähnlichen Grünflächen – oberhalb Alfelds. Bei schönem Wetter kann man von hier aus erstaunlich weit blicken.

Wie ich herausgefunden habe, gehörte der Berg zur mittelalterlichen Landwehr der Stadt. Auf dem Wahrberg befand sich ein hoher Turm zur Kontrolle der Straßen des Leinetals. Diesen Wachturm nannte man damals „Wahrtorn". Hieraus begründet sich der Name Wahr- oder Wachberg. Unterhalb des Wahrbergs schlängelt sich heute die verkehrsträchtige Bundesstraße 3 durchs Leinetal.

Wie soll unser Umwelt-/Bärenpark aussehen?

Die Hauptattraktion in unserem Naturpark werden wohl, wie zuvor beschrieben, unsere Bären sein. Aber auch die folgenden Aspekte werden Gäste aus Nah und Fern anziehen:

Am Rande der schön angelegten Wege werden wir mit Hilfe unseres Erlebnis-Lehrpfades vor allem Kinder spielerisch an die Natur heranführen. Verschiedene Farnarten schmücken dekorativ den Weg, laden aber auch zum Verweilen ein. Denn auf den eigens hierfür angebrachten Tafeln kann man viel erfahren über diese schon länger als die Menschheit bestehende Pflanzenart.

Dann liegen uns natürlich die Pflanzen am Herzen, die schon fast genauso lange bestehen und deren Namen unverwechselbar vom Ursus, sprich Bär abgeleitet wurden. Da gibt es den

Bärwurz

und den Bärlauch,

um nur einige zu nennen. Sie dürfen natürlich in einem Bärenpark nicht fehlen.

Doch nichts gestaltet einen Lehrpfad anschaulicher als lebendiges Anschauungsmaterial. Und wo gibt es schon ein begehbares „Bärengehege"?

Allerdings handelt es sich in diesem Fall um ein munteres Waschbärenpärchen, über dessen Lebensweise und Verhalten man anhand der Informationen auf der Tafel viel erfahren kann. Zuvor erworbenes Wissen wird durch Beobachtungen untermauert. Wir werden ihm ein großzügiges Gehege mit „Waschgelegenheit" zur Verfügung stellen - und auf Nachwuchs hoffen!

- Eins der Ziele der von den Vereinten Nationen 1992 in Rio de Janeiro in Leben gerufenen AGENDA 21 besteht darin, natürliche Lebensgrundlagen zu erkennen und zu erhalten.
- Ein Erlebnis-Lehrpfad eignet sich hervorragend dafür.
- So könnte ich mir einen Tastpfad denken, auf dem man barfuss die Vielfalt des Waldbodens erfühlen kann. Am Ende des Pfades befindet sich ein Brunnen, an dem man die Füße wieder gereinigt werden können.
- Die Resonanzeigenschaften des Holzes veranschaulicht ein so genanntes Baumtelefon. Sie werden übrigens auch genutzt bei der Konstruktion von Musiksälen oder Theatern.
- Steigende Niederschläge, Hochwasserkatastrophen und Schlammlawinen sind nicht mehr Jahrhundertereignisse, sie treffen uns nahezu jährlich. Immer wichtiger wird die Rolle des Waldbodens, welcher mit seiner „Schwammwirkung" bei intensivem Regen das Niederschlagswasser speichert und verzögert abgibt. Durch die unterschiedlichen Schichten und Materialien beobachtet der Besucher, wie schnell oder langsam das Wasser durch einen Sickerkasten fließt.
- In einer Tierweitsprunggrube können die Kinder sich mit den Tieren des Waldes messen. Eine Maus im Weitsprung zu schlagen ist keine Kunst. Kann man es aber auch mit einem Hasen oder Fuchs aufnehmen?

Diese und viele weitere Ideen möchte ich in unserem Umweltpark umsetzen, um unseren Gästen spielerisch und spannend die Natur nahe zu bringen. In einer Informationsblockhütte möchten wir den Besuchern Einblicke in unsere Arbeit gewähren. Wir machen sie auf diese Art auf unser Engagement für Mensch, Tier und Vegetation aufmerksam. Presseartikel, die unsere Aktivitäten schildern, werden themenbezogen an den Wänden auf extra hierfür hergerichteten Stellwänden präsentiert. Gern kann man sich auch der Flyer und Informationsbroschüren bedienen, um 'die Lieben zu Haus' zum Besuch in unserer kleinen Welt zu motivieren.

Alles in allem soll unser geplantes Projekt die Achtung der Menschen vor der Natur stärken! Mit Sicherheit wird der Park nicht nur den Tieren ein artgerechtes Leben ermöglichen, sondern auch tier- und naturbegeisterte Gäste anziehen.

Die zuvor dargelegten Absichten und Planungen sind von der Philosophie des Miteinanders von Mensch und Tier getragen. Ich habe im Laufe des Buches erörtert, wie fremd sich Mensch und Bär geworden sind. Dem ein Stück weit abzuhelfen, ist das Bestreben meines Vorhabens.

Es sieht schon sehr majestätisch aus, wenn Robin oder Max sich auf ihren Hinterbeinen stehend in voller Körperlänge von 2,40 m und 350 kg Gewicht über dem Leinetal mit einem herrlichen Blick auf Alfeld präsentieren. Auch meinen häufigen Gästen aus aller Welt würden diese Augenblicke für immer in Erinnerung bleiben. Und wann immer sie den Namen Alfeld hören, werden sie ihn hoffentlich mit der wunderschönen pittoresken Altstadt mit ihren zahlreichen Straßencafés und Restaurants, Modehäusern, Theateraufführungen und Konzerten, der berühmten Tradition mit wilden Tieren sowie letztendlich meinen Bären auf dem Wahrberg in Verbindung bringen.

*Ich will Ihnen keinen Bären aufbinden
und hoffe, dass meine Vision wahr wird.*

**Anhang:
Arten und Unterarten der Bären –
Lebensräume der Bären**

Der europäische Braunbär
Der Braunbär (Ursus arctos arctos)

Die größten Unterschiede unter den Populationen der Braunbären betreffen das Gewicht und die Körpergröße. Diese können jedoch auch durch das Geschlecht (Bärinnen sind kleiner und leichter als ihre männlichen Kollegen), Alter, Jahreszeit und geografische Lage, in der die Bären zu Hause sind, schwanken.

Einst gehörte der Braunbär zu den am weitest verbreiteten Landsäugetieren überhaupt. Im Gegensatz zu Europa, wo man in tausend Jahren den Braunbären aus fast allen ihm angestammten Lebensräumen vertrieben hat schafften es die Bewohner Nordamerikas in 100 Jahren.

Mit seinem tapsigen Sohlengang und seinem freundlichen Blick assoziiert so mancher Zeitgenosse bei seinem Anblick den Teddy aus der Kinderzeit. Von Schwarz über viele Braunfacetten bis zum hellen Zimt reicht das Repertoire seiner Fellfarbe.

Weniger als 500 Tiere sind in Mittel – und Westeuropa noch vorhanden. In Spanien lebte einst der pyrenäische Braunbär weit verbreitet fast überall in den Sierras und Tälern der Pyrenäen und Kantabriens.

Heute ist sein Lebensraum auf nur noch auf ein in sich abgeschlossenes Gebiet in den Zentralpyrenäen auf spanischer Seite und im kantabrischen Gebirge beschränkt. Auf der französischen Seite der Pyrenäen gibt es ca. 200 km entfernt nur noch ein Exemplar. Diese nur noch wenige Exemplare umfassenden Populationen ist vom Aussterben bedroht.

Ebenso leben in den österreichischen sowie italienischen Alpen und den Abruzzen vereinzelt Braunbären. Etwas größere Populationen kommen in Skandinavien, in den Karpaten, den Gebirgen des Balkan, Polen und Russlands vor.

Der im Osten in Russland gegenüber Alaska lebende Kamtschatka-Bär gehört neben den Kodiak- und Grizzlybären zu den größten seiner Art.

Der Grizzlybär

An den amerikanischen Küsten sehen die dort lebenden Braunbären ihren Vettern in Europa sehr ähnlich. Im Landesinnern nennt man den Braunbären Grizzly = Der Graue (Ursus arctos horribilis). Der Name „Grizzlybär" geht darauf zurück, da seine Haarspitzen, häufig über große Teile des Fells, hellgrau gefärbt sind.

Bis die Siedler in Massen einwanderten, hatten ca. 50.000 Grizzlies im gesamten Westen der USA - Alaska war damals noch russisch – ihren Lebensraum. Der Grizzly, als Beherrscher der Wälder Nordamerikas, geht gewöhnlich den Menschen aus dem Wege. Sein Verbreitungsgebiet liegt vor allem in Alaska, dem Yukongebiet, Alberta und British Columbia. Er besitzt 15 cm lange sichelförmige Krallen und erreicht ein Gewicht von ca. 400 kg. Der Speisezettel der Grizzlybären besteht zu 80 bis 90 % aus Pflanzen, wie Beeren und anderen Früchten, aber auch Präriehunden, Erdhörnchen, Mäusen und anderen Kleintieren.

Man sollte Begegnungen mit ihm nicht hervorrufen und ihn nicht bedrängen, sondern lieber aus der Ferne beobachten. Es wurden übrigens in einem beobachteten Zeitraum von 85 Jahren des vergangenen Jahrhunderts nur selten Menschen durch Bären verletzt; durchschnittlich einer von 2,2 Millionen Nationalpark-Besuchern jährlich. In zehn Jahren wurden in Kanada und den USA 18 Menschen durch Grizzlys und elf durch Schwarzbären getötet, während in dem gleichen Zeitrahmen 250 Menschen durch Hunde tödlich verletzt wurden. Obwohl diese Zahlen dagegen sprechen, lässt sich die Legende vom gefährlichen Grizzly nicht aus den Köpfen vertreiben.

Der Kodiakbär

Auch der Kodiakbär (Ursus arctos middendorfii) ist eine Unterart des Braunbären. Er lebt auf der gleichnamigen Kodiak-Insel und benachbarten Inseln (Afognak und Shuyak) vor der Südküste Alaskas. Die Kodiakbären sind neben den Eisbären die größten und schwersten lebenden Bären und auch die mächtigsten Fleischfresser der Erde. Einige Männchen erreichen ein Gewicht von knapp 800 kg und eine Größe von über drei Metern.

Sie haben den Körperbau der Braunbären mit stämmigem Körper und massivem Kopf. Der Schwanz ist wie bei allen Bären nur ein Stummel.

In der Lebensweise stimmen die Kodiakbären mit den übrigen Braunbären überein, was die Fressgewohnheiten, Winterruhe und Fortpflanzung betrifft.

Auf der Insel Kodiak und den benachbarten beiden Inseln leben heute noch ca. 3000 Tiere. 1941 wurde ein Teil der Insel unter Naturschutz gestellt, nachdem durch Bejagung der Bestand drastisch zurückgegangen war. Heute werden jährlich rund 160 Tiere zum Abschuss freigegeben.

Die Tiere beleben durch ihre Anwesenheit den Fremdenverkehr in der dortigen Region und locken jährlich als Sehenswürdigkeit viele Touristen an.

Der Eisbär

Der engste Verwandte der Braunbären ist der in der Arktis beheimatete Eisbär (Ursus maritimus). Er kann ein Gewicht von 400 bis 800 kg erreichen. An seinem weißen Fell ist er leicht zu erkennen. Rein anatomisch unterscheidet er sich jedoch deutlich von den übrigen Bären durch seinen verlängerten Hals und Kopf. Sein Lebensraum ist das Eis. Der südlichste Punkt, an dem man Eisbären antrifft, ist die James Bay in Kanada. (Sie liegt etwa auf dem gleichen Breitengrad wie London). Wenn im Winter das Polareis weiter Richtung Süden vordringt, wandern die Eisbären bis Neufundland und ins nördliche Beringmeer. Wenn sich das Packeis im Sommer wieder zurückzieht, folgen sie ihm Richtung Norden.

Winde und Strömungen führen zu Bruchstellen im Eis, an denen sich Robben, die bevorzugte Nahrungsquelle der Eisbären, sammeln. In Gebieten wie der Hudson Bay, wo das Eis für wenige Monate im Spätsommer und Herbst schmilzt, verbringen sie den Sommer an Land. Hier ruhen sie sich aus, sammeln Energie und warten darauf, dass das Meer erneut zufriert.

Anders als die Weibchen ziehen sich die Männchen nur selten zum Winterschlaf zurück. Sie sind selbst in den dunklen Wintermonaten und bei -50° ständig unterwegs. Doch gerade diese unwirtlichen Bedingungen bewahren den Eisbären wohl vor ihrem einzigen Feind, dem Menschen.

Gejagt werden darf er nur mit einer Sondergenehmigung der dort ansässigen Eskimos. Es leben in Nordamerika noch ca. 25.000 Eisbären.

Der Schwarz- oder Baribalbär

Die häufigste Bärenart in Nordamerika ist der Schwarzbär, auch Baribalbär (Ursus americanus) genannt. Sein Verbreitungsgebiet erstreckt sich von Mexiko über Kalifornien bis Alaska im hohen Norden. Der Gesamtbestand liegt heute bei ca. einer halben Million. Jährlich werden in Amerika mehr als 40.000 Tiere abgeschossen. In den Staaten, in denen große Bestände vorkommen, gilt der Schwarzbär als Jagdwild. Schwarzbären zeichnen sich durch eine große Toleranz Menschen gegenüber aus.

Nicht nur immer wirkungsvollere Jagdmethoden, sondern auch der Verlust ihrer Lebensräume aufgrund des Straßenbaus und der zunehmende kommerzielle Wert, den man ihren Körperteilen, z.B. ihren Gallenblasen, zuschreibt, stellen das Überleben dieser Art in Frage.

Aufgrund ihrer Habitatsverluste hat man den Schwarzbären im Staat Louisana vor kurzem für bedroht erklärt.

Er ist nicht zwangsläufig schwarz, sondern kann auch ganz weiß, braun, creme- oder zimtfarben sein. Der Schwarzbär ist kleiner als der Braunbär. Bei einem wohl eher äußerst seltenen Angriff kann man sich nicht auf einem Baum in Sicherheit wiegen. Schwarzbären sind ausgezeichnete Kletterer.

Männliche Schwarzbären legen auf ihren Wanderungen wesentlich weitere Strecken zurück als weibliche, und ihre Streifgebiete sind etwa viermal so groß wie die der Weibchen. Warum Schwarzbären entlang ihres Wohngebietes Kratz-Markierungen an den Bäumen in ca. 1,50 bis 2 m Höhe vornehmen, ist noch immer nicht geklärt. Zum einen vermutet man, dass sie dieselbe Funktion haben wie die Harnmarkierungen der Hunde. Zum anderen deutet man daraus, dass sie den Weibchen anzeigen sollen, dass dieses Revier einem fortpflanzungsfähigem Männchen gehört

Der Kragenbär

Der Kragenbär (Ursus thibetanus) ist im Himalaja, in China, Ostsibirien und auf den japanischen Inseln Honshu und Shikoku und Taiwan zu finden. Er lebt hier in den tiefen Bergwäldern. Im Sommer erklimmt er Gebirge bis zu 4000 m hoch, im Winter wandert er ins Tal. Er hat seinen Namen nicht, wie oft irrtümlich geglaubt, von dem auffälligen V oder Y auf seiner Brust, sondern wegen der kragenartig fallenden Haare im Nacken und an den Schultern.

Seine Ohren sind auffallend groß. Obwohl er am liebsten Pflanzen wie Früchte, Wurzeln und Nüsse frisst, verschmäht er auch Fleisch nicht. In besiedelten Gebieten macht er sich auch manchmal über das Vieh der Menschen her. Kragenbären sind recht angriffslustig und echte Raufbolde. Sie können gut klettern und bauen sich im Sommer gern Schlafnester aus abgebrochenen Zweigen.

In China hält man Tausende von Kragenbären in Käfigen, um ihre Galle abzumelken, die in der 'Traditionellen Medizin' wahre Wunder bei bestimmten Krankheitsbildern und einträgliche Geschäfte verheißt. In Südkorea erzielt man mit den Gallenblasen der Tiere nahezu dieselben Preise wie bestimmte Sorten von Heroin.

1988 wurden 40 lebende Bären aus Thailand nach Südkorea geschmuggelt, wo ihr Fleisch, das Blut und die Gallenblasen dazu dienen sollten, die koreanische Olympiamannschaft zu stärken.

Der Lippenbär

Der Lippenbär (Ursus ursinus) ist von kleinem Wuchs und besitzt ein langes zottiges Fell. In den Wäldern Indiens und Sri Lankas ist er zu Hause. Weil seine gebogenen Krallen denen des Faultiers ähnlich sind, gaben ihm die ersten Europäer Ende des 18. Jahrhunderts den Namen „das bärenartige Faultier". Bald jedoch wurde die Verwandtschaft dieser Tiere mit den Bären entdeckt. In letzter Zeit fanden Forscher durch bio-chemische Untersuchungen heraus, dass er mit dem Malaienbär (Ursus malyanus) eng verwandt ist, aber von seiner Abstammung her auch zu den Ursinaen (Braunbären) gehört.

Die Männchen erreichen ein Gewicht von 80 bis 140 kg, die Weibchen 55 bis 95 kg. Auf der Brust trägt er ein weißes „V" auf seinem ansonsten sehr langen schwarzen Fell.

Mit seinen extrem beweglichen Lippen, - daher sein Name - kann er Termiten gut zu Leibe rücken. Dies tut er, indem er seine nackten Lippen vorstülpt. Da das innere Paar der oberen Schneidezähne fehlt, kann er die Termiten dadurch einsaugen. Die Sauggeräusche, die dabei entstehen, kann man noch 100 m weit hören. Auch Honigwaben, Eier und andere Insekten stehen auf seinem Speiseplan.

Nach erfolgreicher Paarung, die im Mai, Juni recht lautstark erfolgt, kommen nach nur 7 Monaten Tragezeit die Jungen, oft Zwillinge, in einer Höhle zur Welt. Die Bärinnen auf der nördlichen Hälfte der Erdkugel tragen ihre Jungen 9 Monate aus, jedoch nimmt die Länge der Tragzeit entsprechend des Breitengrades Richtung Süden ab.

Der Hokkaidobär

Auch auf der zu Japan gehörigen Insel Hokkaido lebt eine Unterrasse der Braunbären. Bedingt durch das die Insel umschließende Meer hat sich diese Rasse nicht vermischen können. Diese große kräftige Braunbärenart, genannt nach der gleichnamigen Insel, unterscheidet sich vom europäischen Braunbären vor allem durch ihre sehr langen weißen Krallen und große Intelligenz.

Als die Erdteile während der letzten Eiszeit noch miteinander verbunden waren, gab es zwischen Japan und dem Osten Russlands Land- und Eisbrücken. Daher ist es auch kein Wunder, dass urgeschichtlich gesehen der Hokkaidobär mit dem russischen Kamtschatkabären verwandt und ihm sehr ähnlich ist.

Meine Bianka war ein Hokkaidobär.

Der Malaienbär

Der Malaienbär (Ursus malayanus) ist die am wenigsten erforschte Bärenart. Er lebt in Südostasien. Seine genaue Verbreitung ist nicht gut dokumentiert. Man kennt ihn aber unter anderem in Laos, Kambodscha, Vietnam und Thailand. Er ist die kleinste Bärenart und wiegt zwischen 25 und 65 kg. Das schwarz glänzende Fell ist nicht einmal einen Zentimeter lang. Wohl wegen seiner kleinen gedrungenen Gestalt, die an einen Hund erinnert, ist er in Thailand unter dem Namen 'Hundebär' bekannt. Und in Malaysia und Indonesien nennt man ihn wegen seiner Vorliebe für Bienenwaben 'Honigbär'. Er ist sehr beweglich und klettert gern in Bäume. Wahrscheinlich nehmen Malaienbären die verschiedensten Früchte zu sich. Er frisst auch gern Baumschösslinge und Insekten.

Am bekanntesten ist jedoch seine Vorliebe für Honig. Vermutlich ist seine lange Zunge dafür gedacht, aus tiefen Baumspalten Honig und Insekten herauszuholen.

Der Brillenbär

Der Brillenbär (Tremarctos ornatus) ist der einzige in Südamerika lebende Bär, und sein Zuhause sind die ländlichen Bergregionen. Er ist das mit Abstand größte Raubtier Südamerikas. Diese auch als Andenbär bekannte Art lebt in Venezuela, Kolumbien, Ecuador, Peru und Bolivien in Höhenlagen zwischen 180 und 4000 m Höhe. Am häufigsten ist er im Nebelwald am Abhang der Anden zwischen 1800 und 2700 Metern anzutreffen, wo die Wälder noch sehr dicht sind. Der Nebelwald entsteht dadurch, weil durch die Höhe der Anden die Wolken nicht Richtung Pazifik abwandern können. Auch das dünn besiedelte von regelmäßigen Überschwemmungen heimgesuchte, nährstoffarme und dadurch für die Indianer unwirtliche Amazonastiefland bietet ihm ein Zuhause. Viele der Indianerstämme haben ihn hier noch nie zu Gesicht bekommen.

Als 'Viehkiller' wurde er lange Zeit gejagt, so dass die Populationen von einander getrennt sind und seine Lebenserwartung durch Inzucht zu sinken begonnen hat. Tatsache ist jedoch, dass er nur ganz selten ein Schaf reißt und sein Speiseplan sich hauptsächlich auf Beeren, 22 verschiedene Bromelienarten, Kaninchen, Mäuse, Kälber und Vögel über Orchideenknollen, Fruchtsorten bis hin zu Gräsern und Moosen erstreckt. Um die Pflanzenbeute zu erreichen, klettert er auch gern auf Bäume.

Gemessen an anderen Bären ist der Brillenbär nicht sonderlich groß. Die Größe der Männchen beträgt ca. 130 cm, vereinzelt gibt es auch größere Exemplare. Die Weibchen sind erheblich kleiner.

Seinen Namen verdankt er dem hellen Fell um die Augen, so dass es so aussieht, als würde er eine Brille tragen, denn der übrige Teil des Körpers ist schwarz. Die Paarung erfolgt, wie bei den meisten Bären, im Mai/ Juni, und die Paare bleiben ein oder zwei Wochen zusammen. Während dieser Zeit kopulieren sie mehrmals. Von Dezember bis Februar kommen die Bärenkinder auf die Welt. Oft sind es zwei, manchmal drei.

Die Weibchen kommunizieren mit ihren Jungen regelmäßig durch Laute. Die Mütter geben zwei Laute von sich, die Jungen fünf verschiedene. Sie verlassen ihre Geburtshöhle, wenn das Nahrungsangebot am größten ist.

In Gegenden, in denen man aber von seiner Gegenwart weiß, werden die Brillenbären als Nahrungsmittel, aus Geldgier sowie wegen ihrer angeblichen medizinischen und magischen Eigenschaften gejagt. Die Knochen der Bären garantieren, wie man sagt, Stärke und Manneskraft.

Der Penis wird als Amulett für die Männlichkeit getragen, und die Jäger behalten die Pranken und die Felle als Trophäen. Der Brillenbär ist in den Mythen und der Geschichte der Andenkultur tief verwurzelt. Während er in einigen Gebieten als Gott verehrt wird, hält man ihn in anderen für böse und stellt ihm nach.

Der große Pandabär

In China ist der Pandabär zu Hause. Er ist von allen Bären durch seine auffällige Schwarzweißfärbung am leichtesten zu erkennen. Durch seine wundervolle Färbung und sein umgängliches Verhalten ist er bei jedermann beliebt. Einige Forscher rechnen ihn zu den Bären, andere stellen ihn in eine ganz eigene Familie.

Da sich in China die Bevölkerungszahl rasant erhöht hat und durch das dadurch bedingte Vordringen in die dem großen Pandabären angestammten Lebensräume, ist dieses Tier selten geworden und sehr gefährdet. Darüber hinaus fällt der große Pandabär auch oft Wilderern zum Opfer.

99% der Nahrung eines Pandabären besteht aus Zweigen, Sprossen und Blättern der in seinem Habitat vorkommenden Bambusarten. In China gibt es ca. 30 verschiedene Sorten. So kam es zu einer Katastrophe, als in einem Gebiet nur noch zwei Bambusarten vorkamen und diese auch noch zur gleichen Zeit, statt zeitlich versetzt blühten. Durch das gleichmäßige Abfressen der ganzen Blüten

hatten die Pandas in der Folge nichts mehr zu fressen und mussten elendig verhungern.

Jahrmillionen war es dem Pandabären gelungen, allen klimatischen Veränderungen stand zu halten, während viele andere große Säugetiere ausgestorben sind. Heute hängt sein Überleben nicht mehr von den Naturgewalten ab, sondern von der Gnade des Menschen.

DER OBERBÜRGERMEISTER DER STADT FREISING

Im Oktober 2007
Grußwort

Viel Erfolg!

Wenn die Große Kreisstadt Freising die Ideen und Projekte von Herrn Dieter Kraml mit Interesse verfolgt, dann hat dies einen „bärenstarken" Hintergrund:

Freising und der Bär – von dieser jahrhundertealten Verbindung kundet bereits das Stadtwappen mit dem schreitenden, bepackten Bären aus der berühmten Korbinianslegende: Dem Freisinger Bistumspatron, dem Heiligen Korbinian (680-729), wurde auf seiner Reise nach Rom das Packpferd von einem Bären gerissen. Korbinian befahl seinem Begleiter Anserich, den Bären zu züchtigen und ihm das Gepäck auf den Rücken zu binden. Der Bär trug das Bündel gehorsam nach Rom...

Nach Rom zurückgekehrt, wiederum in einem Wappen, ist der Korbiniansbär 2005 nach der Wahl von Kardinal Joseph Ratzinger zum Papst: Joseph Ratzinger, der in Freising studierte, zum Priester geweiht wurde und später als Erzbischof in vielfältiger Weise in und für Freising gewirkt hat, behielt als Papst Benedikt XVI. die Motive seines erzbischöflichen Wappens bei – den Freisinger Mohren, den Bären des Heiligen Korbinian und die Muschel. Die Dom- und Universitätsstadt Freising ist stolz, dass der Korbiniansbär als Ausdruck der Verbundenheit zur altbayerischen Heimat und zum Heimatbistum Eingang in das päpstliche Wappen gefunden hat!

Mit dem „grünen" Hochschulzentrum Weihenstephan, mit den Fakultäten des Wissenschaftszentrums Weihenstephan der TU München, mit der Fachhochschule Weihenstephan, dem Existenzgründerzentrum für Grüne Biotechnologie und den Bayerischen Landesanstalten für Landwirtschaft sowie für Wald und Forstwirtschaft besitzt Freising eine hohe Affinität zu Themen aus Natur und Umwelt – ein aktueller Bogenschlag zu den „Bärenwelten" von Herrn Kraml, dem wir für seine engagierte Arbeit weiter viel Erfolg und die verdiente Anerkennung wünschen.

Dieter Thalhammer

Rathaus • Obere Hauptstr. 2 • 85354 Freising • Telefon: 08161/54-102 • Fax: 08161/54-160
dieter.thalhammer@freising.de • www.freising.de

Der Landrat

Grußwort

Zu dem Buchprojekt „Der mit dem Bären lebt" wünsche ich dem Autor viel Erfolg, vor allem viele interessierte Leser.

Dieter Kraml hat einen interessanten, aber auch gefährlichen Beruf, wie er in unseren Breiten sonst nicht anzutreffen ist. Mit seinem „Produkt" ist er quasi Lieferant und Akteur für Fernseh- und Filmproduktionen mit großem Seltenheitswert, was letztlich aber mit dazu beiträgt, dass der Standort seines Unternehmens, der Landkreis Hildesheim, auch in diesem Bereich überregional wahrgenommen wird.

Neben der Dressur und dem Training dieser mächtigen Säugetiere setzt er sich zudem für den Erhalt der letzten in Europa lebenden Bären ein. Damit macht er die Tragik der Beziehung „Mensch – Raubtier in freier Wildbahn" auch zu einem Thema, für das es sich einzusetzen lohnt.

Besonders unterstützenswert ist aber sein soziales Engagement. Ich finde es großartig, dass er mit der nicht zu unterschätzenden Ausstrahlung seines Berufes junge Menschen interessiert oder gar fasziniert, die bisher im Abseits standen. Sein soziales Engagement im Verein „Bärenwelten in uns" und seine Zusammenarbeit mit den Jugendhilfestationen des Landkreises, den Gerichten und der Bewährungshilfe machen deutlich, wie wichtig ihm die Förderung dieser jungen Menschen ist.

Seinem Buch, vor allem aber auch seiner Arbeit mit den Jugendlichen und den imposanten Bären, wünsche ich an dieser Stelle weiterhin viel Erfolg.

Hildesheim, 23.10.2007

Reiner Wegner

Für mein Bestreben, das Verhältnis des Menschen zur Natur im Allgemeinen und die Mensch-Bär-Beziehung im Besonderen zu verbessern, habe ich Mitstreiter gefunden. Gemeinsam haben wir den Verein „Bärenwelten in uns" gegründet.

Wir wollen zusammen darauf hinwirken, dem nächsten 'Grenzgänger' zu helfen.

In diese Aktivität wollen wir junge Menschen einbeziehen, die nach persönlichem Scheitern in der Arbeit mit und in der Natur neue Perspektiven erfahren.

Tragen Sie dazu bei, dieses Projekt voranzubringen:

Sparkasse Hildesheim · Konto: 801 301 15 · BLZ 259 501 30

(Selbstverständlich erhalten Sie eine abzugsfähige Spendenquittung)

Vereinsadresse:
Bärenwelten in uns e.V.
Pferdemasch 2
31061 Alfeld (Leine)
www.baerenwelten.net
info@baerenwelten.net

Bärenarbeit bietet Jugendlichen Perspektive

Ableisten von Arbeitsstunden / Mithilfe am geplanten Naturpark auf dem Wahrberg bietet Chance zur Resozialisierung

Alfeld (sch). Gemeinsame Arbeit im Freien soll auffällig gewordene Jugendliche wieder auf den rechten Weg bringen. Und zugleich die Einrichtung eines Naturparks vorbereiten. „Bärenvater" Dieter Kraml führt die Regie.

Ein bisschen erinnert es an Jurassic Park. Besonders die hohe Stahlumzäunung, die oben einen Knick nach innen macht und elektrisch gesichert ist. Was sich innen befindet, sieht auf den ersten Blick nach harmlosen Teddybären aus. Bei näherer Betrachtung relativiert sich der Eindruck allerdings: Was sich an Reißzähnen offenbart, wenn Max oder Nora gähnen, erklärt die Sicherheitsmaßnahmen.

Wenn Nora sich einen Spaß daraus macht, Menschen zu erschrecken, wirkt sie ungeahnt wendig und flink. Das tut sie auch an diesem Tag allzu gerne, wenn sich jemand ihrem einen Hektar großen Freigehege auf dem Wahrberg nähert. Sie springt plötzlich auf, läuft auf die nichts ahnende Person zu und bremst extrem knapp vor dem Zaun. Bärenhumor eben. Max umklammert derweil sitzend einen Baumstamm und kaut genüsslich die Rinde ab.

Direkt neben, außerhalb der Umzäunung, sind fröhliche Stimmen von Jugendlichen zu hören, die sich gegenseitig ärgern. Dieter Kraml, der seine Tiere hier oben gerade den Duft der großen Bärenfreiheit schnuppern lässt, geht zu der Gruppe und gibt freundliche, aber bestimmte Anweisungen. „Wir fegen den Wald – wie sinnvoll", scherzt der 16-jährige Mario mit gespielter Aufmüpfigkeit. Natürlich weiß er, dass diese Aufräumarbeiten ihren Sinn haben. Schon seit achteinhalb fertig ist und die Stadt Alfeld die Genehmigung erteilt, soll hier ein Naturpark entstehen. Dabei helfen sie eben mit, die acht bis zehn Jugendlichen, die mit dem Gesetz in Konflikt geraten sind und hier täglich ihre Arbeitsstunden ableisten.

Es war Kramls Idee, die Jugendlichen hier sinnvoll zu beschäftigen und, wie er sagt, einige von ihnen damit vor dem Knast zu bewahren. Schon seit sieben Jahren werden ihm die etwas von der geraden Bahn abgekommenen jungen Leute von Gerichten zugewiesen.

„Wir fegen den Wald": Dieter Kraml leitet die Jugendlichen bei den Aufräumarbeiten an.
Fotos: Schwarzer-Schulz

Genuss pur: Max entrindet einen Baumstamm und hofft auf Larven.

„Das gemeinsame Arbeiten hier oben auf dem Berg entspannt, löst Aggressionen und bringt sie der Natur wieder näher", bringt Kraml die Aktivitäten auf den Punkt. „Manchmal fragen sogar Jugendliche selbst bei mir an", ergänzt er nicht ganz ohne Stolz und erzählt von Chris, der wegen des Umzugs von Dortmund nach Alfeld seine Lehre als Systemelektroniker abbrechen musste. Im Internet war er auf den Tiertrainer und den Verein „Bärenwelten in uns" gestoßen, die gemeinsam Resozialisierungsmaßnahmen und Praktika anbieten. „Ich hatte mich noch nicht ganz mit ihm in Verbindung gesetzt, da hat er mich schon gefragt, wann ich kommen will", erzählt Chris selbst. Es folgte ein achttägiges Praktikum. Momentan leistet auch er hier wegen eines kleineren Delikts seine Arbeitsstunden ab. Er nennt Kraml, der ihm sogar beim Umzug geholfen hat, seinen Ziehvater. „Ich bin viel ruhiger geworden. Er hat mir sehr viel geholfen, hat sogar meinen Umzug von Elze nach Alfeld gemacht!" Chris will auf alle Fälle so lange bei dem Bärenvater arbeiten, bis er wieder einen Job hat.

Ähnlich begeistert ist auch der 14-jährige Tim. Dank Kraml hat er jetzt ein eigenes Dienstfahrzeug: ein ausrangiertes Fahrrad, vom Werkhof abgeholt und mit Teilen anderer ausrangierter Bikes gemeinsam wieder fahrbereit gemacht.

Zusammen mit den anderen befreit Tim den Waldboden rund um das Bärengehege von herumliegenden Stöcken und Ästen, fegt Laub und schafft damit die Grundvoraussetzungen für den Bau des geplanten Bären-Naturparks. Das 5 Hektar große Gelände, das Fagus-Geschäftsführer Ernst Greten Kraml und dem Verein dafür zur Verfügung gestellt hat, wird noch viel Zeit und Arbeit in Anspruch nehmen. Kraml sieht es als Investition in die Zukunft: „Der Park soll Menschen wieder an die Natur heranführen – damit wir aus den Fehlern der Vergangenheit lernen." Besonders junge Menschen will er damit ansprechen, denn: „Viele sitzen nur noch vor dem Computer und kennen sich in der Natur überhaupt nicht mehr aus."

Zur Verwirklichung der Pläne ist dringend Unterstützung von Firmen und Sponsoren nötig: „Viele kleine Handgriffe können viel bewirken. Wir können jede Hilfe gebrauchen, vom Landschaftsgärtner über den Grafiker bis hin zum engagierten Rentner." Der erste Spatenstich soll, wenn alle Voraussetzungen erfüllt sind, mit einem großen Fest im September erfolgen.

Hildesheimer Allgemeine Zeitung, Freitag, 13. Juli 2007

Dank

*Besonders bedanken möchte ich mich
bei Frau Heide Kloth
für die freundschaftliche Hilfe und Unterstützung,
ohne die dieses Buch
nie entstanden wäre!*